AF461381

BEAUTÉS MÉRIDIONALES DE LA FLORE DE MONTPELLIER,

Par un ancien Herboriste de cette Ville.

DEUXIÈME ÉDITION REVUE, CORRIGÉE ET AUGMENTÉE.

MONTPELLIER,
Chez SEVALLE, Libraire, Grand'rue, n.° 122.
1829.

DE L'IMPRIMERIE D'ISIDORE TOURNEL AÎNÉ,
RUE AIGUILLERIE, N.° 27.

AVIS.

LA plupart des étrangers qui viennent à Montpellier goûter la douceur du climat, ou consulter l'oracle célèbre d'Esculape, sont des habitants du Nord de la France, ou plus encore des contrées septentrionales du reste de l'Europe. J'ai pensé que dans les promenades auxquelles les invitent nos beaux jours, et que leur ordonnent, souvent même, les prêtres du Dieu auquel ils portent leurs riches offrandes, ils pourraient trouver quelque intérêt à connaître et à remarquer les plantes étrangères à leur froide patrie; j'ai donc tâché, dans cet Essai, de tracer une esquisse de notre végétation, en la considérant d'une manière particulière, relativement à la région botanique dont le territoire de Montpellier fait partie; c'est-à-dire, celle que les botanistes désignent sous le nom de région *méditerranéenne*, et qui comprend tout le bassin géographique de la Méditerranée. J'ai voulu qu'en parcourant nos champs, mais surtout nos terrains arides et incultes, ces *garrigues*, que Flore cède tous les jours, mais avec regret, aux Dieux de l'agriculture, l'étranger, à la vue d'une plante de la Judée (*), de la Grèce, de l'Italie, pût se rappeler et cette terre que la foi de nos pères nous rend sacrée, et ces nobles contrées dont les peintures immortelles font le charme des esprits cultivés de toutes les nations.

Dans un avis placé en tête de ma première édition, j'ai dit avec vérité que je m'étais rigoureusement abstenu, relativement à la composition de cet Opuscule, de recourir *aux lumières des savants botanistes que Montpellier renferme*. Il n'en est pas tout-à-fait de même quant à cette édition. Je dois à l'obligeance de M. Delille, digne successeur de tant de botanistes illustres dans la direction du jardin des plantes de Montpellier, la correction d'un bon nombre d'erreurs que renfermait ma première édition; et l'unique motif qui me porte à donner cette deuxième, est l'idée de pouvoir offrir, moins au public que je me flatte peu d'occuper, qu'à quelques amis, un ouvrage qui, purgé de ces erreurs, en deviendra peut-être moins indigne d'eux.

(*) Le célèbre voyageur Volney dit, en passant à Montpellier, que le territoire de cette ville était un des pays qui lui avaient le plus rappelé ceux qu'il a décrits dans son *Voyage en Syrie*.

Quant à la *nomenclature* que ceux même qu'on peut à bon droit qualifier de botanistes, ont quelque peine à suivre dans ses vicissitudes et révolutions journalières, je prie d'observer que j'ai voulu seulement faire connaître les plantes dont je parle, et n'ai point scrupuleusement cherché à les désigner par le nom qui, dans les progrès de la science, a pu être substitué à l'ancien nom linnéen, lequel j'emploie généralement, en y joignant cependant quelquefois, lorsque je les ai connues, les dénominations plus modernes.

J'avertirai aussi que quelques plantes, quoique justement regardées comme plantes du Midi, peuvent se trouver quelquefois sous des latitudes plus avancées vers le Nord, et hors des limites que les botanistes ont assignées à notre région méditerranéenne. La nature échappe à nos lois, et l'on ne s'attend pas sans doute à trouver, dans ces sortes de limites, la rigoureuse exactitude des limites politiques ; aussi a-t-on remarqué, selon M. de Candolle, « que quelques plantes du Midi s'échappent au travers des gorges des Alpes ou des Cévennes, et se trouvent sur le revers septentrional de ces deux chaînes, etc. » Ces végétaux *transfuges* s'avancent jusqu'aux environs de Lyon, et suivant un mémoire sur le mûrier blanc, présenté à la Société d'agriculture de cette ville par M. de Martinel, on trouve dans les campagnes qui l'entourent, végétant avec vigueur, le *centaurea-conifera*, le *cistus guttatus* (*), l'*aphyllantes monspeliensis*, le *tribulus terrestris*, le *lavandula spica*, et tant d'autres plantes qu'on avait cru réservées aux climats heureux du Languedoc et de la Provence. » On remarque des *aberrations* bien plus extraordinaires, relativement à l'habitation de certaines plantes. Ainsi, notre *arbousier* croît sur les côtes de l'Irlande, où la température est adoucie par le voisinage de la mer. Ossian a pu chanter sous son ombre, comme Virgile ou Homère. Ainsi (qui le croirait!) on peut retrouver, jusque dans des contrées dont le nom ne réveille que l'idée de frimas éternels, quelque image de la végétation de notre douce Occitanie. « La camphrée de Montpellier, dit Pallas, *Voyage en Sibérie*, croît en abondance sur les bords des marais près la rivière d'Irtisch en Sibérie, latitude 55, et plusieurs autres plantes indigènes dans les pays méridionaux de la France, se trouvent dans les

---

(*) Le *cistus guttatus* est indiqué par M. Thuillier dans sa *Flore des environs de Paris*.

environs de Krasnoiarsk, où le froid est quelquefois si violent, que le mercure s'y congèle et devient une masse solide. »

Malgré ces singulières observations, j'ai cru pouvoir regarder comme plantes essentiellement *méridionales*, et appartenant spécialement à notre région botanique, celles qui ne se trouvent que par exception dans quelques localités plus ou moins septentrionales.

Me renfermant dans un cadre encore plus étroit que les Magnol (*), les Candolle (**) (*si parva licet*, etc.), je n'ai point dépassé, si ce n'est, je crois, par quelques rares exceptions dans mes excursions botaniques, les limites que peut naturellement atteindre, dans une journée, un promeneur *pédestre*. C'est ici une *Flore* (si je puis employer cette dénomination trop ambitieuse sans doute) destinée à ceux qui se *promènent* aux environs de Montpellier, et non à ceux qui *voyagent* dans des cantons voisins.

La pesante vieillesse, et les maux qu'elle traîne à sa suite, m'annoncent que bientôt

---

(*) *Botanicon Monspeliense.*

(**) *Catalogus plantarum horti botanici Monspeliensis.*

peut-être je ne pourrai plus parcourir ces campagnes dont l'aspect a si souvent reporté ma jeune imagination vers des lieux dont *le nom seul a des charmes*, pour tout homme qui n'est point entièrement étranger au culte des muses.

> Cependant au milieu de ces peines cruelles
> De notre triste hiver compagnes trop fidelles,

j'éprouve quelque consolation à retracer les douces rêveries de mes florissantes années, à me montrer en quelque sorte reconnaissant, par un dernier hommage,

> *Grato, e amico anz'il partir estremo*,

envers cette terre natale qui m'a nourri pendant si longues années de ses fruits délicieux, et prêté l'ombrage de ses arbres couronnés d'une éternelle verdure,

> *Da cui molt'anni'l nudrimento e'l cibo*
> *Sì caro avemmo, e sì gradito ostello.*

BEAUTÉS MÉRIDIONALES DE LA FLORE DE MONTPELLIER.

Arbres (*).

Je commencerai par un arbre, et je crois que c'est le seul, dont le nom spécifique indique l'habitation particulière dans nos campagnes, l'*acer monspessulanum*, l'érable

(*) Le petit nombre de nos arbres indigènes, m'a porté à ne pas me borner à l'indication de ceux qui appartiennent spécialement à notre région botanique, et à donner dans cette division de ce petit ouvrage quelque extension à mon plan. On trouvera donc ici quelques arbres qui nous sont communs avec les campagnes du Nord. Il n'en sera pas de même quant aux *arbrisseaux* plus nombreux, et surtout quant aux *sous-arbrisseaux* et aux *herbes*. Je me renfermerai alors dans les limites que m'assigne mon sujet.

de Montpellier. Il se plaît à croître sur nos coteaux arides, souvent auprès de l'*yeuse*, *quercus-ilex*. Ils appartiennent tous deux à la région méditerranéenne, quoiqu'il y ait des exemples de bois d'yeuse, venus dans une latitude plus septentrionale, mais à l'exposition du Midi (*). Les bois que le luxe avait joints aux palais des Grands de Rome, et dont il est question dans ces vers d'Horace :

Audis quo strepitu janua, quo nemus
Inter pulchra situm tecta remugiat
Ventis, etc.

étaient communément composés d'*yeuses*, et avaient quelquefois une si grande étendue, que pour marquer la maison on ne parlait que des bois, et que l'on disait *Curii tifata*, les bois de Curius, *Mancini tifata*, les bois de Mancinus, pour dire *la maison de Mancinus, la maison de Curius*. Car *tifata* n'est autre chose qu'*iliceta*. Je crois pouvoir placer ici, quoiqu'il ne soit proprement qu'un arbrisseau, le *quercus coccifera*, de la même catégorie, quant à l'habitation et à la station,

(*) Suivant M. de Candolle (Flore française), l'*érable de Montpellier* n'est pas non plus rigoureusement renfermé dans les limites de notre région botanique.

que les arbres précédents ; il ne doit sa réputation maintenant fort affaiblie (car les arbres même peuvent éprouver dans *leur renommée* cette décadence qu'amènent le temps et les révolutions), il ne doit, dis-je, sa réputation qu'à une circonstance étrangère, à un hôte parasite qui s'établit parmi ses rameaux, l'insecte connu en histoire naturelle sous le nom de *coccus ilicis*, en médecine sous celui de *kermès*, et fort célèbre autrefois dans les arts sous les noms de *vermillon* et de graine d'*écarlate*, avant qu'un insecte du même genre, *coccus cacti*, la cochenille, transporté des climats les plus lointains, fût venu le faire presque oublier (*). Cette espèce de chêne (*quercus coccifera*) dont nos *gar-*

(*) Par une classification plus rigoureuse on sépare maintenant le *kermès* de la *cochenille*, mais ce n'en sont pas moins deux genres infiniment rapprochés et pour l'organisation et pour les mœurs des singuliers insectes qu'ils renferment. Dans notre langue vulgaire on donne au *quercus coccifera* une dénomination à peu près semblable, ou même identique avec celle de l'*arrête-bœuf*. Sauvages nomme le premier *agôusses* et le second *agâousses*. Gouan (*Fl. montp.*) comprend sous le nom d'*agalousses* et l'arbre dont il est ici question et l'*arrête-bœuf*, *ononis spinosa*, et l'*ononis natrix*; cependant cet arbre et ces plantes n'ont d'autre rapport entre eux que d'être également épineux Mais une seule circonstance particulière détermine souvent le

rigues sont couvertes, croît en abondance, suivant les voyageurs, au pied des monts célèbres du Parnasse et de l'Hélicon. Dans la même station, c'est-à-dire, sur nos coteaux arides et incultes, croît un arbre également particulier à notre région botanique, *pinus halepensis*, pin d'Alep ou de Syrie, le seul pin indigène de nos contrées. Il y forme des bois connus sous le nom de *pinédas*. Ces arbres croissant très-près l'un de l'autre, et s'étendant jusques dans les combes, retracent quelque image de ces forêts de sapin, qui tapissent les monts élevés du Nord, et descendent jusque dans leurs gorges.

Voilà, je crois, à peu près tous les arbres indigènes qui déguisent la nudité de nos terres stériles. Passons à une autre station, celle des terrains frais et humides, peu communs dans notre territoire. Sur les bords des fossés, où la fraîcheur est entretenue par l'écoulement des eaux pluviales, on ne trouve plus

---

peuple peu observateur, à attribuer des dénominations semblables à des êtres d'ailleurs fort différents.

On a donné, en vieux français, le nom d'*écarlate* à l'arbre même, le *quercus coccifera*. Bellon, dans son livre (*De la nature des Oiseaux*), dit qu'on apporte en grande quantité au marché de Rome des ramiers « Ayants leurs estomachs pleins des glands « d'escarlate, de l'arbre de liége, etc. »

cette végétation d'un caractère particulier et méridional, qui distingue la station que nous venons de parcourir. Ici on voit croître le *peuplier blanc* (*populus alba*), dont le nom spécifique est retracé par celui qu'on lui donne dans notre langue vulgaire, où on l'appelle *àouba* (1); le peuplier noir (*populus nigra*); le *fraxinus nigricans*, variété du frêne commun (*fraxinus excelsior*); sur les bords de notre rivière, *le Lez*, s'élève l'*alnus glutinosa*, l'*aune* de Virgile (*); c'est là aussi, et dans les stations analogues, qu'on trouve plusieurs espèces de saules, telles que l'*alba*, le *viminalis*, le *capræa* (saule marceau), le *monandra*, etc. On peut ajouter aux arbres précédents indigènes le *celtis australis*, le *micocoulier* qui devient dans nos pays un très-grand et très-bel arbre (**). C'est un de ceux sur lesquels l'érudition botanique a

---

(*) C'est l'opinion de M. Fée, auteur de la *Flore de Virgile*, dans la Collection des classiques latins de M. Lemaire.

(**) Cet arbre est compris dans la Flore parisienne de M. Thuillier. Mais comme l'annonce son nom spécifique, il se plaît particulièrement dans les contrées méridionales, et ce n'est guère que là qu'il développe toute sa beauté. « Très-peu (dit Dumont de Courset) dans le Nord ont leur hauteur et leur forme naturelles. »

jeté un regard, dans ses recherches, sur le végétal qui pouvait répondre au *lotos d'Homère*. Mais certes, ses fruits chétifs, qui n'ont d'autre mérite qu'une saveur assez douce, n'étaient point capables de faire oublier *la patrie*. On peut juger du prix que mettaient les Romains à de beaux *micocouliers*, par un récit de Pline (l. 17, ch. 1.) relatif à six de ces arbres qui ornaient la magnifique demeure de Crassus.

Le *mespilus-aronia* (*cratægus-azarolus* de Gouan), généralement connu à Montpellier sous le nom d'*azerolier*, est indigène, cultivé, et appartient spécialement à notre région botanique. Transporté de nos haies, dans nos jardins ou nos vignes, il y donne des fruits d'un goût aigrelet, dont la grosseur égale quelquefois celle d'une corme, et qui ne sont pas dédaignés par l'art du confiseur. Dans notre langue vulgaire, on les nomme *pouméta dé dous clossés*, c'est-à-dire, *petites pommes à deux noyaux* (*). Deux arbres de la même famille naturelle, le *néflier* (*mespilus germanica*), dont le fruit porte dans notre langue vulgaire un nom qui se rapproche beaucoup du nom latin de l'arbre,

(*) Cet arbre n'est point, dit-on, le véritable *azarolus* de Linné, ni l'*azerolier* cultivé en Italie.

(*mespoûlas*, de *mespilus*), et l'*amélanchier* (*cratægus amelanchier*), et l'*alisier torminal* (*cratægus torminalis*), peuvent être considérés comme indigènes, en étendant notre Flore jusqu'au bois de Valène où ils croissent, et qui est situé à quatre lieues à peu près de Montpellier. Mais ces arbres sont aussi de la Flore parisienne.

Le *gaînier commun*, arbre de Judée, arbre d'amour (*cercis siliquastrum*), naturalisé dans nos campagnes, donne à notre Flore un trait de ressemblance de plus avec celle du Levant. Cet arbre dont l'aspect est si riant par les nombreuses fleurs qui couvrent et ses rameaux et son tronc même, dans les premiers jours du printemps, égaie dans quelques lieux la végétation austère de nos pins et de nos cyprès; c'est ce qu'on peut voir particulièrement dans un petit bois, dépendant du *mas d'Estorc*, et consacré par la mémoire d'un écrivain célèbre. C'est en présence de ces pins,

Deuil de l'été, parure des hivers (*),

de ces *cyprès conifères*, *image des obélisques* (**), que l'auteur de Corinne préludait dans les essais de sa jeune imagination, à

(*) Vers de M. de Sabran, cité dans Corinne.
(**) Corinne.

la gloire qu'elle s'est depuis acquise par son noble talent (*).

On peut ajouter, à nos arbres indigènes, le *coudrier* ou *noisetier* (*corylus avellana*), quoique peu commun aux environs, proprement dits de Montpellier, où ce n'est point sous la *coudrette* que les jeunes filles courent des dangers. Nous avons aussi une espèce de poirier sauvage, vulgairement appelé *péras*. C'est le *pyrus amygdaloïdes ; p. communis* de Gouan. (Fl. m.)

Quoique, cherchant à me renfermer, le plus strictement possible, dans notre Flore purement indigène, je crois pouvoir faire mention du *pin à pignon, pin à parasol* (*pinus pinea*), qui n'est pas sans doute de nos campagnes, mais dont il y a de si beaux individus, dans quelques maisons de campagne autour de Montpellier, particulièrement dans le parc de la *Peissine* ou la *Piscine* (**). C'est le *pinus in hortis* de Virgile,

---

(*) Après son premier ministère, M. Necker, avec sa femme et sa fille, devenue depuis Mme de Staël, a habité pendant quelque temps une maison de campagne à une petite demi-lieue de Montpellier, et appelée *le mas d'Estorc*.

(**) *Le pin à pignon* paraît indigène dans un pays fort peu éloigné de Montpellier, la *pinéda dé Silvéréal ;* mais ce bois n'a-t-il pas pu être semé par

et l'usage d'en décorer les jardins s'est conservé à Rome. « Il y a, dans les jardins de Rome (dit M.me de Staël dans Corinne), un grand nombre d'arbres toujours verts, qui ajoutent encore à l'illusion que fait déjà la douceur du climat pendant l'hiver. Des pins d'une élégance particulière, larges et touffus vers le sommet, et rapprochés l'un de l'autre, forment comme une espèce de plaine dans les airs, dont l'effet est charmant, quand on monte assez haut pour l'apercevoir.»

NOTES.

(1) *Le peuplier blanc* était l'arbre consacré à Hercule, et l'épithète de *bicolor* que donne à cet arbre, Virgile dans l'Énéïde, le caractérise très-bien par le contraste que présente en effet le vert foncé de la partie supérieure de ses feuilles, et le blanc pur de la partie inférieure. Mais est-ce aussi à cet arbre qu'on doit appliquer la métamorphose des sœurs de Phaéton? C'est plutôt sans doute au *peuplier noir*, dont la station est encore plus

la main des Templiers, propriétaires en grande partie de ces contrées, lesquels se sont plu sans doute à enrichir d'un arbre de la Syrie, leur première demeure, ces campagnes où ils transportèrent, dit-on, des mêmes bords, cette race de chevaux légers et infatigables, bien connus dans nos pays sous le nom de *Camargues*.

rigoureusement marquée sur le bord des eaux, et dont la végétation est toujours languissante lorsqu'il en est éloigné. Le suc visqueux, résineux, odorant, qui enduit au printemps ses bourgeons, n'a-t-il pas pu donner lieu à la fable des larmes des *Héliades*, changées en ambre jaune? L'imagination des Grecs, si vive, si prodigieusement amie du merveilleux, n'a-t-elle pas pu supposer que ce suc résineux, odorant, devenu concret, formait cette substance bitumino-résineuse, odorante, transparente, connue sous le nom de *succin* ou d'*ambre jaune?* Il faut observer cependant, que cette substance ne paraît point s'être jamais trouvée sur les bords de l'Éridan, si du moins on entend par ce mot le fleuve appelé maintenant le Pô. (V. l'explication des fables, par Bannier, tom. II, pag. 216, édit. in-4.°)

Bernardin de Saint-Pierre a plus consulté sa belle imagination, que l'érudition botanique, lorsqu'il a écrit dans ses *Harmonies de la nature*, « Les peupliers d'Italie ne sont autre chose, suivant l'ingénieux Ovide, que les sœurs de Phaéton qui déplorent le sort de leur frère, en élevant leurs bras vers le ciel. » Il ne paraît pas que le *peuplier d'Italie*, malgré cette dénomination, soit originaire de l'Italie, et on le présume venu de l'Orient.

Arbrisseaux.

AVERTISSEMENT.

J'avertis que dans les deux divisions suivantes de cet Opuscule, pour éviter de désagréables répétitions, toute plante dont il est fait mention, doit être considérée comme appartenant spécialement à notre région botanique, quoique je ne le dise pas expressément. S'il m'arrive de parler, par occasion, de quelque plante étrangère, ou non particulière à notre *Flore*, j'ai soin de le marquer dans le texte, ou dans les notes.

On sait que les arbres et les arbrisseaux, ne sont point séparés par des limites fixes et naturelles. Tel végétal est arbre dans un climat, et n'est plus qu'arbrisseau dans un climat moins favorable. Il est même quelquefois assez difficile, quoique dans le même pays, d'assigner à un végétal, d'une manière exacte et rigoureuse, l'une ou l'autre de ces qualifications. Ainsi, par exemple, l'arbousier (*arbutus unedo*) aurait fort bien pu être rangé dans la division précédente, comme dans celle-ci, que je crois pour cela même, devoir commencer par ce *joli arbre*, ou ce *bel arbrisseau*. Ce végétal, remarquable par son feuillage, ses nombreuses fleurs, et ses fruits plus agréables à la vue qu'au goût, est particulier aux pays méridionaux, quoique il se trouve, par exception, comme je l'ai dit dans mon avertissement, sous une latitude plus septentrionale, dans des contrées où la température est adoucie par le voisinage de la mer. Cependant, comme il fleurit ou refleurit aux approches de l'hiver, et dans les bois montagneux (*), on peut observer qu'il présente, dans sa floraison, les caractères que, suivant le système d'un célèbre écrivain (Bernardin de Saint-Pierre), la nature a coutume d'attribuer aux fleurs destinées à s'épanouir dans des lieux ou des saisons qui peuvent les exposer aux rigueurs du froid. Sa corolle est sphéroïde et blanche (**), comme celle du muguet printanier. Mais non-seulement l'*arbousier*, dans le déclin de l'année, rappelle par ses fleurs le printemps, il en offre encore une image dans ses fruits. Leur

---

(*) J'ai vu *l'arbousier* chargé de grappes fleuries, dans les derniers jours d'octobre et plus tard même. Il est, du reste, une grande partie de l'année en fleurs et en fruits.

(**) Elle a quelquefois une légère teinte de jaune.

ressemblance avec *la fraise*, a fait donner en divers lieux le nom d'*arbre à fraises*, à l'*arbousier* (1).

Dans les mêmes lieux incultes et pierreux, que décore l'*arbousier*, croissent aussi les *filarias* à grandes, moyennes et petites feuilles (*phyllirea latifolia*, *media*, *angustifolia*). Le premier, qui du moins dans notre latitude et dans les lieux où il naît spontanément ne se présente que comme un *arbrisseau*, s'est élevé à la dignité *d'arbre*, dans la partie publique du jardin des plantes, appelée la *montagne*. Les *filarias* de cette espèce qui y ont été plantés par le fondateur du jardin, Pierre-Richer de Belleval, sont les émules en hauteur et en grosseur, des altiers chênes-verts mêlés parmi eux, et avec lesquels l'œil inattentif les confond. Notre langue vulgaire réunit sous une dénomination commune (*alader*), et le véritable *alaterne*, aussi de notre Flore spéciale, et l'arbrisseau dont il vient d'être question plus haut. Ils se ressemblent à la vérité par l'*habitus*, mais ils appartiennent à des familles naturelles, fort différentes.

Sans quitter les mêmes lieux, c'est-à-dire, nos coteaux arides, nos *garrigues*, nos bois montagneux, nous trouverons abondamment le *térébinthe*, dont le nom harmonieux rappelle de nobles et religieux souvenirs. Mais hélas ! dans quel état de dégradation se présente-t-il dans nos climats ! Les *térébinthes* n'y sont que d'humbles buissons, le plus souvent chargés de productions étrangères, d'une forme bizarre, ouvrage des pucerons, et connus sous le nom de *galles de térébinthe*. J'ai vu plus d'une fois des personnes, prendre ces *galles* pour les fruits même de l'arbrisseau sur lequel on les voit. Au rapport de Bellon, dans son voyage *en Grèce, Asie, Judée*, etc., les paysans de la Thrace et de la Macédoine, cueillent les *galles du térébinthe*, lorsqu'elles ne sont encore que de la grosseur d'une noisette, et les vendent pour la teinture de la soie. Cet arbrisseau, du reste, a reçu dans notre langue vulgaire un nom qui ne convient que trop à l'état d'abjection où il paraît dans nos campagnes, dont les habitants, frappés seulement de son odeur forte, l'ont nommé *lou pudis* (le puant). Cependant, suivant *Lobel*, l'expérience a prouvé qu'on pourrait tirer de la *térébenthine* de nos *térébinthes*, comme de ceux qui naissent dans des pays plus méridionaux.

Le lentisque (dans notre langue vulgaire, *lou réstincle*), arbrisseau du même genre que le précédent, naît dans les mêmes terrains, et y est encore plus commun. L'état où il croît d'ordinaire chez nous, c'est-à-dire, d'arbrisseau faible et rampant, et peut-être le défaut relatif de chaleur de notre climat, ne permet point d'en retirer la même récolte que les habitants des îles de l'Archipel, cette résine, connue sous le nom de *mastic de Chio;* mais on peut, à l'imitation des Romains, se servir de ses rameaux dépouillés des feuilles et de l'écorce, pour des *curedents*, que *Martial* jugeait préférables aux *curedents de plume*.

Lentiscum melius: sed si tibi frondea cuspis
Defuerit, dentes penna levare potest.

En effet, la vertu astringente de ce bois, est propre à fortifier les gencives, et à en prévenir la mollesse et le relâchement. Le célèbre amiral de Coligny avait presque toujours un curedent de lentisque à la bouche, et par une dérision cruelle, on en plaça un semblable dans celle de la figure de paille à son effigie, qui fut traînée sur la claie, suivant l'arrêt du parlement rendu contre lui après sa mort.

Sans abandonner nos *garrigues*, véritable domaine de notre botanique méridionale, nous trouvons un genre nombreux d'arbrisseaux, dont le nom ne se mêle point, comme celui des précédents, à nos souvenirs historiques et littéraires, mais qui se recommandent par un avantage plus réel, la beauté. Ce sont les *cistes* qui, séparés des *hélianthèmes*, comme ils le sont par les botanistes modernes, composent un genre appartenant tout entier exclusivement à la Flore du Midi (*). Ces arbrisseaux se couvrent de nombreuses et agréables fleurs qui paraissent de loin, suivant la différence de leurs couleurs, des roses blanches ou pourpres. Les anciens botanistes, Théophraste et Dioscoride, ont remarqué cette ressemblance. Mais la fleur du ciste est encore plus fragile que la rose, cet emblême de la fragilité. Elle ne vit pas souvent même *l'espace d'un matin*. On en trouve fort souvent la corolle dégarnie de quelques-uns de ses pétales, et les plus légères caresses des zéphyrs suffisent pour l'en dépouiller entièrement. Si *les roses* sont l'emblême d'une autre fleur fragile que la décence m'empêche de nommer, les fleurs des *cistes* pourraient l'être de la véritable *virginité*, plus délicate encore, et que le moindre souffle altère. Parmi ces *cistes*, il en est un qui porte le nom de *ciste de Montpellier*, et

(*) Cependant M. de Candolle (Fl. fr.) rapporte qu'une espèce de *ciste* (*C. Hirsutus*) a été découverte en Bretagne, près Landernau, du côté de Brest.

dans notre langue vulgaire celui de *mouges*. C'est ordinairement de cet arbrisseau que sont composés les humbles bocages dont on entoure les claies où l'on nourrit les vers à soie, lorsqu'ils veulent *monter*, et que déjà,

Dans leurs corps transparents, l'or de la soie éclate,

bientôt ces rameaux se chargent de *cocons*, qui,

D'un œuf d'or ou d'argent présentent la figure,

et dont l'industrie de l'homme sait tirer les plus précieux tissus. C'est ainsi que *la feuille de mûrier*, comme le dit un proverbe de l'Orient, *devient satin*.

Rosset, dont j'ai cité ci-dessus quelques vers, a chanté avec talent les travaux du *ver à soie*, et il ne m'a pas paru entièrement hors de propos de rappeler ici, en passant, quelques vers d'un poète, concitoyen de la Flore dont je décris les beautés. C'est sur les racines des *cistes* qu'on trouve la plante parasite appelée *cytinus hypocistis*, qui a été fort employée en médecine. Elle fournit au botaniste cette observation singulière, que son genre est composé seulement de deux espèces, dont l'une a pour habitation le Mexique, et l'autre notre région méditerranéenne. Si l'on peut de loin prendre les fleurs des *cistes* pour des roses, on peut aussi réciproquement prendre pour des fleurs de *ciste* celles d'un rosier rustique (*rosa myriacantha*) qui habite les mêmes lieux, et fleurit dans le même temps que les *cistes*. En observant cet humble arbuste, qui croît particulièrement parmi les cailloux et les rochers des *garrigues* qui bordent la route de Sète, on peut juger avec quelle prodigieuse variété la nature et l'art du jardinier ont à l'envi diversifié les roses. Quelle distance du rosier dont il est question au *rosier des peintres*, à ces roses que les pleurs de l'aurore rafraîchissent sous le pinceau des *Vanhuysum* !

Le genre des *cytises* n'est pas, tant s'en faut, aussi particulier à notre région botanique, que celui des *cistes*. Cependant elle en produit exclusivement quelques-uns. Mais il faut d'abord que j'avertisse les imaginations sensibles et vives, de ne pas s'élancer à ce nom de *cytise*, vers les campagnes poétiques, illustrées par les chants de Virgile. Hélas ! on sait trop que la science impitoyable ne ménage pas nos plus douces erreurs ! Il paraît que le *cytise* des anciens n'est pas le nôtre, mais une plante d'un genre différent, et d'après l'opinion d'un botaniste de Montpellier, (feu M. Amoreux) assez généralement adoptée, ce serait *la luzerne en arbre* (*medicago arborea*), arbrisseau originaire de climats plus chauds que notre Occitanie.

Parmi les *cytises* qui font partie de notre Flore spéciale, on peut remarquer le cytise à feuilles sessiles (*cytisus sessilifolius*), qui a été transporté dans les jardins, dont il est un des principaux ornements. Aussi est-il appelé vulgairement *trifolium des jardiniers*. On le voit, au printemps, sortir en touffes dorées des fentes de nos rochers, et se mêlant aux tiges rampantes et empourprées de l'*astragale de Montpellier*, présenter avec elles un aspect qui n'aurait pas sans doute moins charmé les yeux de J.-J. Rousseau, que *l'or des genêts* réuni *à la pourpre des bruyères* (J.-J. Rousseau, Promenades). Mais nous ne sommes point dépourvus de *l'or des genêts*. Nous avons dans ce genre même une espèce qui nous appartient particulièrement, c'est le *genêt d'Espagne* (*genista juncea*). On voit fréquemment les rameaux fleuris de cet arbrisseau, ornement des jardins, et auquel la culture a consacré des soins assez constants pour en obtenir une variété à fleurs doubles, figurer sans honneur dans les fascines qu'apportent les villageois pour le chauffage de nos fours. L'aromatique *romarin*, dont les nombreuses fleurs devancent le printemps même, habite les mêmes lieux et subit le même sort. Ses agréments et son utilité, car c'est avec ses fleurs qu'on fait l'eau célèbre sous le nom d'*eau de reine d'Hongrie*, ne le sauvent point de la serpe du fagoteur. Deux charmants arbrisseaux, également originaires de nos *garrigues* ou de nos bois, qui n'en diffèrent guère, épanouissent leurs fleurs à peu près en même temps que le *romarin*, et font de bonne heure l'ornement des jardins et des bosquets des environs de Montpellier. C'est le *coronilla glauca*, si connu à Montpellier sous le nom vulgaire de *colutea*, et le *laurier-tin* (*viburnum tinus*). On sait que ce dernier, élevé en caisse, figure dans les plus magnifiques jardins de Paris, parmi les orangers et les lauriers-roses qu'il suit au déclin de l'année, dans l'abri qui leur est destiné. Un autre arbrisseau, du genre *coronilla* suivant Linné, et suivant d'autres botanistes faisant un genre à part, l'*émérus*, connu sous les noms vulgaires de *séné bâtard*, de *securidaca des jardiniers*, etc., croît particulièrement sur le penchant des collines arides qui bordent le Lez. C'est là qu'aux premiers jours du printemps il élève ses tiges fleurissantes, quelquefois sous l'ombre des *yeuses*, dont elles semblent égayer la sombre verdure. Nous ne devons pas oublier ici un autre arbrisseau de la même famille et d'un genre fort analogue, qui affecte une station semblable, et appartient particulièrement, comme les précédents, à notre région botanique, le *baguenaudier* (*colutea arborescens*), si connu dans les jardins, et qui a fourni à notre langue une locution familière dans le verbe *baguenauder* (*). Dans la même famille des légumineuses et dans un genre fort voisin du *colutea*, nous remarquerons comme indigène, et bien décidément méridionale, une plante fort connue par l'usage qu'on fait de sa racine ; qui ne connaît le *jus de réglisse ?*

Vous plaît-il un morceau de ce jus de réglisse ?

dit Tartuffe à Elmire dans la scène qui prépare le dénouement de ce chef-d'œuvre de notre théâtre (2).

Mais c'est assez s'égarer dans l'empire de

(*) D'après certains étymologistes, le mot *baguenaudier* tirerait, au contraire, cette dénomination du mot *baguenauder*, désignant un passetemps futile, et venant lui-même du mot *baguenaude*, c'est-à-dire, *bagatelle*, *chose de néant*. Mais ce mot même de *baguenaude*, pour désigner une chose vaine, ne viendrait-il pas de ce que les gousses enflées du *baguenaudier* ne semblent contenir que du *vent*. — V. aussi sur le mot *baguenauder*, *l'examen critique des Dict. de la L. fr.*, par Ch. Nodier.

Sylvain. Quittons ces lieux incultes et rapprochons-nous de ceux où *Cérès* et surtout *Bacchus* étalent leurs trésors. Nous trouverons dans les haies destinées à les protéger, des arbrisseaux particuliers à la région méditerranéenne, et qui peuvent mériter quelque attention. *La coriaire à feuilles de myrte* (*coriaria myrtifolia*), connue sous le nom de *fustet des corroyeurs*, et dans notre langue vulgaire sous celui de *rédou*, garnit abondamment dans quelques lieux nos haies de tiges nombreuses, parées aussi de nombreuses feuilles d'un vert agréable. Mais il serait imprudent quelquefois de juger les arbrisseaux, de même que les hommes, sur leur *physionomie.* Celui-ci porte des fruits mortels. On trouve moins communément le *sumac* (*rhus coriaria*), qui doit son nom spécifique, comme le précédent son nom générique, à l'usage auquel on les emploie tous deux, le *tannage des cuirs.* Deux autres arbrisseaux, également de nos haies, sont plus généralement connus, et leur nom plaît davantage à l'imagination, c'est le *grenadier* (*punica granatum*), en languedocien *mïougragnè*, du latin *malogranatum*, et *le jasmin à fleurs jaunes* (*jasminum fruticans*). Celui-ci est la seule espèce de son genre qui croisse sous le ciel de l'Europe. Les anciens botanistes l'avaient nommé *polemonium monspeliense.*

Le lyciet (*lycium europæum*), en languedocien *arnîves* ou *argalou*, et le *paliure* (*rhamnus paliurus*), ou (*paliurus acutus*), qui est aussi nommé vulgairement, à cause de la forme de ses fruits, *lous capélés* (les petits chapeaux), sont également deux arbrisseaux appartenant à notre Flore particulière, et qui font des haies dans lesquelles se trouvent d'excellentes défenses par les épines dont sont armés leurs rameaux. Le premier même (*le lyciet*) se pare de fleurs agréables.

Vers l'époque d'une des plus grandes solennités de la religion, *la Pentecôte*, la suave odeur des chèvre-feuilles fleuris s'exhale de nos haies. Les deux espèces qui les décorent sont étrangères à la Flore du Nord, et à celle de Paris. L'une est le chèvre-feuille de Toscane (*lonicera etrusca*), qui porte à Montpellier le nom vulgaire de *pantacoüsta*, à cause du temps où il fleurit, l'autre est *l'implexa*.

Nous n'avons garde d'oublier, parmi les arbrisseaux de notre région botanique, le *tamarisc* (*tamariscus gallica*), qu'on voit également sur le bord de la mer, de nos rivières et de nos fontaines. Il pourrait être en même temps consacré aux *Néréides* et aux *Naïades*. Dans quelques lieux, la grosseur de son tronc pourrait le faire ranger parmi les arbres. Mais ses rameaux ne s'élèvent point à proportion. Son branchage est, au contraire, ordinairement fort chétif. C'est une tête chauve sur un corps vigoureux,

Et tamarix non læta comis. . . . .
LUCAIN, l. 9, v. 917.

Il me paraît surtout agréable à la vue, lorsque simple arbrisseau il voile de ses tiges verdoyantes et fleuries le cours d'un humble ruisseau (*).

Dans un pays spécialement consacré à Bacchus, il me semble que je puis me permettre de faire mention de la vigne sauvage, la *lambrusque*, quoique son habitation ne soit pas bornée à notre région botanique. Elle est très-abondante dans les haies qui bordent les prairies de Lattes. On l'y voit étendre ses stériles sarments dans le feuillage des saules, comme la vigne cultivée entrelace ses rameaux fructueux dans ceux de nos oli-

(*) On voit au *Château-vert*, près de Marseille, sur les bords de la mer, un bosquet de grands *tamariscs*, entouré de murailles assez hautes, au-dessus desquelles ils élèvent de beaucoup leur tête fleurie. Ils peuvent être presque comparés aux plus grands *filarias* qui se voient sur la *montagne* du jardin des plantes de Montpellier.

Suivant M. Fée (Flore de Virgile), *myrica*, nom générique, chez les anciens, des *bruyères*, a désigné quelquefois notre *tamarisc*, qu'ils regardaient comme la plus grande des bruyères.

viers. Mais il est à remarquer que celle-ci, pour produire ses fruits les plus exquis, son jus le plus délicieux, demande des terres caillouteuses et exposées aux influences du soleil (*aprici colles*), tandis que la *lambrusque* est amie de la fraîcheur et de l'ombre (*). Aussi Virgile, fidèle imitateur de la nature, a-t-il tapissé de lambrusque les antres frais de ses délicieux paysages ;

. . . . *adspice ut antrum*
Silvestris raris sparsit labrusca racemis.

et Fénélon à son tour, heureux imitateur de l'antiquité, a peint, sur le modèle d'Homère, dans la grotte de Calypso, *une jeune vigne qui étendait ses branches souples également de tous côtés.*

Virgile n'a pas moins observé fidèlement *les harmonies de la nature*, dans ce vers de la dixième églogue ;

Mecum inter salices, lentâ sub vite jaceret ;

on se croirait dans nos prairies de Lattes.

(*) *Oritur in sepibus humidis, umbrosis* (Gérard, Flore de Provence). Elle croît, en effet, abondamment dans les haies, au bord du Rhône, près d'Arles, et on dit qu'il y en a particulièrement une grande quantité dans l'île marécageuse de la Camargue, formée par deux bras de ce fleuve. On m'a assuré même que certaines personnes y en faisaient une sorte de vin (3).

NOTES.

(1) Pourquoi l'*arbousier*, si agréable à la vue, a-t-il reçu de Virgile l'épithète d'*horrida?* M. Fée (Flore de Virgile), après avoir indiqué les différentes interprétations que les commentateurs ont cherché à donner de cette épithète, propose à son tour son explication : « Nous pensons (dit-il) que la signification de ce mot a, dans Virgile, la même extension que dans Pline, et signifie âpre, rude au goût, astringent; en effet, les feuilles, l'écorce et les fruits, même après leur parfaite maturation, ont une forte astringence à laquelle l'*arbutus* doit ses propriétés médicinales. » Mais est-il bien naturel qu'un poète, qui ne cherche qu'à peindre, *ut pictura poesis est*, n'ait pas plutôt dérivé son épithète pour caractériser un arbre, de circonstances apparentes, que de propriétés en quelque sorte intimes? Il me paraît d'ailleurs que ce qui domine dans la saveur des fruits mûrs de l'*arbousier*, c'est quelque chose de douceâtre qui n'a pas dû inspirer à Virgile l'expression dont il s'agit. *Horrida* ne signifie-t-il pas ici, tout simplement, *sauvage*, *rustique*, etc.; et cette épithète ne peut-elle être appliquée, avec justesse, à un arbre qui ne se plaît que

dans les lieux les plus âpres, et qui partage cette répugnance pour la culture qu'on remarque dans certaines plantes de la famille à laquelle il appartient (les bruyères). Car on sait qu'il est dans les plantes, comme dans les animaux, des espèces qui souffrent plus ou moins impatiemment l'empire de l'homme, et que le règne végétal a ses *rossignols* et ses *hirondelles ;*

Mal può durare il rossignuolo in gabbia
Più vi stà' l' cardellino, e più il fanello
La rondinella in un dì vi muor di rabbia.

Ne pourrait-on pas aussi conjecturer que l'épithète *horrida*, donnée à l'arbousier, a été déterminée par l'aspect de son écorce, qui, se détachant à demi, par fragments, du tronc, lui donne un air hérissé (*horrida*), bien différent en cela d'un de ses congénères (*l'andrachne*), dont le tronc et les rameaux se présentent ordinairement polis comme le marbre.

(2) La réglisse (*glycyrrhiza-glabra*), suivant Lobel et Jean Bauhin, croissait de leur temps près de Montpellier, aux environs de Lattes. Il faut un peu plus s'éloigner de notre ville pour le trouver maintenant, et comme du temps de Magnol, c'est dans la plaine

de *Vic*, petit village sur les bords de l'étang de Maguelonne, qu'on s'occupe particulièrement de recueillir les racines de cet arbrisseau, comme objet de commerce. *La réglisse* est devenue beaucoup plus rare dans ce canton depuis nos guerres contre l'Espagne, parce qu'elle fut alors recherchée avec plus de soin, à cause du prix plus élevé qu'elle acquit par l'interruption de nos communications avec ce pays, d'où on la tire communément.

(3) Les botanistes donnent le nom de *vitis-labrusca* à une espèce de vigne, dont on indique l'habitation dans l'Amérique septentrionale; mais les anciens, je pense, n'ont désigné par le nom de *vitis-labrusca* que la vigne commune à l'état de sauvageon, et c'est ce qu'exprime le mot français, *lambrusque*. Les sarments de la *lambrusque* fournissent d'espèces de *cannes* rustiques, dont le nom est, aux environs de Montpellier, *béligâna*. On sait qu'elles étaient la marque de la dignité du Centurion, dans les troupes romaines. C'est, dit-on, avec un pareil bâton que Popilius-Lænas traça dans le sable un cercle autour du roi Antiochus, en lui signifiant qu'il eût à répondre aux ordres qu'il lui portait de la part du sénat romain, avant de sortir de ce cercle.

ARBRISSEAUX CROISSANT AUX ENVIRONS DE MONTPELLIER, ET ÉTRANGERS AU NORD DE LA FRANCE ET DE L'EUROPE, DESQUELS JE N'AI POINT PARTICULIÈREMENT PARLÉ DANS LE TEXTE PRÉCÉDENT.

Cistus — *Albidus.*
Crispus.
Laurifolius.
Ledon.
Salviæfolius. Fleurit un peu avant le *Monspeliensis*, et ses fleurs semblent exactement de petites roses blanches.

Clematis-flammula. Clematite odorante.

Cneorum-tricoccos. Camelée.

Cytisus-candicans.

Erica-arborea. Bruyère en arbre.

Erica-vagans.

Genista-scorpius, en langage du pays, *arjalas*, dénomination empruntée, dit-on, de l'arabe.

Osyris-alba.

Daphne-gnidium, en langage du pays, *cântaperdris* ou *trintanel.*

Daphne ou *passerina thymælea.* La thymelée.

Juniperus-oxycedrus, en langage du pays, *cade.* Il a été désigné par Lobel, sous le nom de *juniperus major monspelliensium*, et Jean Bauhin a observé que cet arbrisseau était aussi abondant aux environs de Montpellier, que le genevrier commun (*j. communis*) l'était aux environs de Bâle, patrie de cet ancien et célèbre botaniste.

Juniperus-phœnicea. En langage du pays, *mourvis* ou *cade-mourvis.*

Rhamnus-infectorius. Graine d'Avignon.

Rosa semper virens et sa variété à petites feuilles (*microphylla*). M. de Candolle indique la première comme très-propre dans notre climat, à la décoration des jardins.

Sous-Arbrisseaux et Herbes.

AVERTISSEMENT.

Pour mettre un certain ordre dans cette division, bien plus nombreuse en espèces que les précédentes, j'ai cherché à suivre celui de la nature, en plaçant successivement, autant qu'il m'a été possible, les fleurs dont j'ai occasion de parler, comme elle les fait successivement éclore. Je ne me suis point cependant astreint à un ordre rigoureux, et n'ai point prétendu suivre exactement le *calendrier de Flore*, mais seulement, en général, m'occuper des plantes printanières, avant que de passer aux estivales, et de celles-ci à celles qui sont proprement automnales.

Parmi les plus doux signes du renouvellement de l'année, sont sans contredit les fleurs. Nous avons sans doute, comme les autres pays, nos fleurs printanières, mais il n'en est aucune qui jouisse d'une aussi grande faveur parmi nous, que parmi les habitants de Paris, celle qu'on a justement surnommée le *muguet des Parisiens*, le *convallaria-maïalis*. On sait que pendant le mois de mai cette jolie fleur, transportée des vallons frais et ombragés où elle se cache, au milieu de l'éclat et du bruit de la plus magnifique des cités, y pare presque seule la corbeille des bouquetières et le sein des belles :

Giovani vaghi e donne innamorate
Amano averne e seni e tempie ornate.

Cette plante nous est étrangère. Les *primevères* même, que leur nom (*prima veris*) désigne plus particulièrement comme les *messagères du printemps*, n'émaillent point nos prairies ou nos bois. Il faut du moins atteindre les extrêmes limites de notre *Flore*, telle que je la circonscris, pour retrouver ces fleurs. Aussi n'est-ce point, comme dans le Nord, parmi les *primevères* qu'est notre *fleur de coucou*, dénomination fondée sur le rapport de l'apparition de cette fleur avec celle de l'oiseau *qui ouvre le printemps*. Dans notre langue vulgaire, on donne le nom de *cougûou* ou de *coucu* aux jacinthes ou muscaris qui couvrent nos campagnes au premier printemps. Mais si nous sommes privés de quelques fleurs printanières qui décorent les contrées du Nord, nous en sommes dédommagés par une fleur que nous avons empruntée aux belles campagnes de l'Orient, et qui s'est parfaitement naturalisée dans les nôtres. C'est l'*anémone, coronaria* (anémone des fleuristes), seule de son genre, qui soit indigène aux environs de Montpellier, et qu'on croit y avoir été transportée de sa première patrie, par quelque ancien botaniste (1). Cette belle plante a été regardée comme celle en laquelle fut métamorphosé, suivant la fable, le bel Adonis. Mais cette fiction paraît plus convenablement attribuée à l'*Adonis æstivalis*,

. . . . *Flos de sanguine concolor ortus.*

C'est aussi au printemps que nous voyons éclore, dans nos campagnes, la tulipe à fleurs jaunes (*tulipa sylvestris*), beaucoup moins commune que la précédente fleur. Quoique cette tulipe ait été anciennement qualifiée de *narbonensis* et de *monspeliensis*, on ne peut nullement la considérer comme appartenant particulièrement à notre région botanique. Elle croît aux environs de Paris et en Angleterre. C'est dans les bois de ce dernier pays qu'un illustre écrivain, qu'il n'est pas besoin de nommer, cherchant, à la proscription qui pesait sur sa jeunesse, quelque consolation dans l'étude de la botanique, « propre à calmer l'âme en détournant les yeux des passions des hommes pour les porter sur le peuple innocent des fleurs, » reconnaissait avec plaisir la plante dont je parle. « Notre botanophile (dit-il) se plaît à rencontrer la *tulipa sylvestris*, qui se retire comme lui sous les ombrages les plus solitaires (*). »

Mais une plante qu'on pourrait regarder peut-être comme la plus remarquable parmi nos plus printanières, pour son extrême précocité, sa multiplication, et la durée successive de sa floraison, appartient à cette famille des synanthérées, qui paraît cependant consacrée plus particulièrement à embellir l'été et l'automne. C'est l'*andryala nemausensis*, plante bien décidément méridionale, et que Linné avait désignée sous le nom d'*hieracium sanctum*, parce qu'il croyait que son habitation particulière était la *Terre sainte*. Mais certes nous n'avons nul besoin de

---

(*) M. de Candolle ayant observé, le premier, quelques différences entre la *tulipe* qui orne les prés autour de Montpellier, et la *t. sylvestris*, avec laquelle elle avait été jusqu'alors confondue, en a fait une espèce particulière sous le nom de *tulipa celsiana*, *tulipe de Cels*. Cette espèce est, selon lui, uniquement méridionale.

nous transporter sur les bords du Jourdain pour cueillir cette plante. Dès le mois de janvier, elle tapisse nos champs ; ses tiges mobiles et fleuries (*fioretti tremuli*) sont doucement agitées par les premières brises printanières, ou frémissent sous le poids de la diligente abeille qui, sur la foi de quelques beaux jours, a recommencé ses doux travaux.

Quelque temps après, c'est-à-dire, vers l'entrée du printemps, toutes les prairies des environs de Montpellier sont infestées, si l'on veut parler le langage du cultivateur, et parées, si l'on veut parler celui du poète, de nombreux narcisses à bouquets (*narcissus tazetta*). Linné a donné à cette plante le nom spécifique de *tazetta*, nom vulgaire du *narcisse* en italien, et qui signifie *petite coupe*, le nectaire des *narcisses* imitant la forme d'une coupe. Transportée de nos prairies méridionales dans les jardins, cette plante y a formé de nombreuses variétés (*). Les fleuristes ont donné à quelques-unes des noms pompeux. Celui que le *narcissus tazetta* porte

---

(*) Il faut observer qu'en général on donne vulgairement le nom de *narcisses à bouquet* à la plupart des espèces multiflores de *narcisse*, cultivées dans les jardins.

à Montpellier, dans le langage vulgaire, n'est point de ce genre. C'est celui de *pissdouïèch*, *pissenlit*, dénomination qui peut-être n'est fondée que sur ce que cette fleur paraît en même temps que le *taraxacum officinale*, auquel ses propriétés ont fait justement donner ce nom de *pissenlit*. Il suffit quelquefois au vulgaire, du rapport le plus éloigné, pour réunir sous la même qualification les objets d'ailleurs les plus divers. Car je n'ai trouvé nulle part qu'on ait attribué aux narcisses une vertu diurétique.

Mais passons à de plus riantes images. Qu'on me pardonne cette courte excursion dans la matière médicale. Éloignons-nous de l'*officine*, et retournons aux prairies. Nous trouverons dans celles de Lattes le narcisse à deux fleurs (*narcissus biflorus*), et plus communément encore celui des poètes (*narcissus poeticus*), qui nous rappelle ce jeune insensé que la fable nous peint consumé d'amour pour ses propres charmes. Il lui en reste encore assez dans sa forme nouvelle, pour qu'un ancien botaniste (Lobel) ait comparé l'éclat des fleurs dont il émaille nos prairies à celui des astres. Ces brillantes fleurs s'unissent à celles d'une autre plante, qui fleurit dans le même temps et de la même famille que les *narcisses*; c'est la *nivéole* (*leu-*

coium æstivum), désigné dans les anciens botanistes par les noms de *narcissus albus*, de *narcissus leucoium*, etc., ou même de *leuco narcisso lirion*. Ce dernier mot veut dire *lis*, et on peut observer que les anciens (voyez Pline, liv. 21, ch. 5) ont confondu parmi les *lis* des plantes différentes, et particulièrement *le narcisse*. Dans la belle saison, nos prairies de Lattes, émaillées de ces beaux narcisses dont j'ai parlé plus haut, et du *leucoium æstivum* dont le genre est si rapproché du narcisse, rappellent ce vers de Pétrone :

Albaque de viridi riserunt lilia prato (2).

Parmi les plantes les plus printanières, il ne faut pas passer sous silence, quoique elle semble chercher à se faire oublier, la jolie fleur de l'*ixia bulbocodium*, qui, comme Galatée, se montre un instant pour se cacher ensuite dans l'herbe qui l'environne, *et fugit ad salices* (3).

Dans les mêmes lieux (les garrigues) où croît le plus communément l'*ixia bulbocodium*, et dans la même saison, on voit fleurir deux autres plantes, que leur *humilité* (rapport qui les lie à la plante précédente) ne dérobera pas non plus à nos regards. C'est d'abord l'*iris pumila*, l'iris naine, dont on voit poindre les fleurs jaunes ou bleues, sans tige, à travers les pierres, qui souvent même amoncelées autour de ces fleurs semblent les remparer. Le botaniste qui les arrache de leur retraite s'aperçoit bientôt, pour elles, des dangers de l'*élévation*. Dans ses mains, le souffle des vents emporte par lambeaux ces pétales flottants et fragiles (4).

La seconde plante dont il va être question, n'offre aucune prise aux aquilons ou aux autans. C'est une espèce de trèfle à laquelle son extrême *humilité* ou plutôt la situation de sa corolle, presque entièrement cachée dans le calice, a fait donner le nom spécifique de *suffocatum*. Elle tapisse la terre plutôt qu'elle n'y croît, ne s'élevant guère plus au-dessus du sol que les mousses et les lichens.

Les trois plantes dont je viens de parler, naissent dans des lieux élevés, découverts, à l'époque de l'année où les vents agitent communément avec le plus de violence et de constance l'atmosphère. La nature attentive ne leur a-t-elle pas ménagé un asile dans leur *bassesse* même, contre la tempête? Linné a remarqué que les plantes alpines, naissant dans des lieux découverts et exposés aux vents, étaient pour la plupart petites (*exiguæ*).

On peut faire une observation analogue relativement à la *centaurée en deuil* (*centaurea pullata* de Linné), *jacca monspessulana* de J. Bauhin. Cette plante,

Timide, craint les vents et leur souffle infidèle,

fort printanière, elle ne produit d'abord qu'une fleur sans tige, et qui semble se tenir à l'abri, au sein des feuilles radicales.

Une espèce de narcisse (*narcissus juncifolius*) qu'on a regardé pendant long-temps comme le type sauvage de la *jonquille* qui fait l'ornement de nos jardins, et qu'on appelait conséquemment *narcissus-jonquilla*, fleurit, dès le commencement du printemps, sur plusieurs collines non loin de la ville.

Mais n'aurai-je pas pu placer parmi nos plantes printanières, et certes les plus printanières, si toutefois elle n'est pas de toutes les saisons, une plante remarquable par elle-même, et par l'intérêt qui s'attache à son nom, depuis qu'un grand écrivain l'a rendue célèbre. C'est la *pervenche*, *vinca major*. En voyant au mois de janvier cette fleur parer nos haies, un homme du Nord s'écriera sans doute avec J.-J. Rousseau, *voilà de la pervenche* (5). Heureuse plante qui ne connaît que les beaux jours de la jeunesse ! Toujours verte, presque toujours fleurie, il n'est rien de plus rare que de voir des fruits succéder à ces fleurs brillantes. L'indulgente nature semble avoir voulu lui épargner même cette triste *maturité*, trop voisine de la vieillesse et de la mort. La pervenche, en effet, ne meurt point. Uniquement propagée par ses nombreux rejetons, elle étend sa propre existence, et ne donne point la vie en la perdant, comme tant d'autres êtres de la nature. Avec la belle espèce du *vinca major*, à laquelle on peut même en joindre une autre récemment reconnue, et nommée *vinca media*, par des botanistes célèbres qui ont porté un œil scrutateur dans toutes les parties de notre *Flore*, nous pouvons sans doute nous passer de la *pervenche à petites fleurs (vinca minor)*, qui paraît plus particulièrement septentrionale, et aussi ne croît point dans les environs de Montpellier.

La pervenche *(media)* porte des fleurs d'un bleu beaucoup plus tendre que les deux autres espèces, et plutôt même purpurines-claires que bleues. Elle appartient exclusivement à la région méditerranéenne. Cette plante a été retrouvée en Barbarie près de Tanger.

Vers le mois d'avril, l'*asphodèle (asphodelus ramosus)* élève du sein de nos rochers arides, ses tiges longues, déliées et nues, que la noble imagination des Grecs a comparées au sceptre des anciens rois, lorsqu'il n'était qu'une pique ou une lance. Aussi, outre le nom d'*asphodelus*, qui venait d'un mot grec, signifiant *sceptre*, cette plante a porté chez les Latins celui d'*hastula regia*. Les pères de la poésie, Hésiode et Homère, ont fait mention de l'asphodèle. Les anciens le plantaient auprès des tombeaux, et l'on croyait que les mânes des morts se nourrissaient de ses racines qui, réunies à la mauve, composaient la frugale nourriture du célèbre Épiménides.

Un peu plus tard, c'est-à-dire, vers le mois de mai, fleurit l'*aphyllantes monspeliensis*, en langage vulgaire *bragalou*, qu'on prendrait pour un petit jonc, sur lequel a été implantée une délicate corolle. Cette jolie fleur, qui orne nos coteaux stériles pendant les mois de mai et de juin, y est quelquefois mêlée *au lin de Narbonne* (*linum narbonense*), si distingué des autres lins par la grandeur et l'éclat de ses fleurs. Cette plante, bien digne d'être cultivée dans les jardins, est d'orangerie dans le Nord de la France.

On sait que la température printanière n'est point de longue durée dans notre climat, et qu'elle ne passe point insensiblement à celle de l'été qui, le plus souvent, se montre subitement armé de tous ses feux. La végétation doit suivre nécessairement une marche analogue ; aussi s'établit-il de bonne heure une confusion des fleurs estivales et printanières, qui permet difficilement de les séparer. Nous nous considérerons donc désormais comme dans l'été ; aussi bien les deux plantes dont je viens de parler, l'*aphyllante* et le *lin de Narbonne* (ou de la Gaule narbonnaise) (*), peuvent être en quelque sorte regardées comme faisant le passage entre les deux saisons. Il faut encore observer que notre végétation, devançant au moins de quinze jours celle de Paris, bien des plantes, dont la floraison est indiquée dans la Flore parisienne au mois de juin ou de juillet même, fleurissent à Montpellier dès le mois de mai. De sorte que telle fleur qui peut être rangée à Paris parmi celles de l'été, est à Montpellier une fleur printanière. Il en est nécessairement de même des plantes

---

(*) Je crois que c'est mal à propos qu'on traduit en français, par ces mots, *de Narbonne*, la qualification de *narbonensis* que les anciens botanistes ont donnée à certaines plantes méridionales. Je présume qu'ils ont voulu désigner par là, le plus souvent du moins, des plantes de la *Narbonnaise* (*Gallia narbonensis*), et non particulièrement des environs de Narbonne.

automnales, relativement à celles de l'été. J'ai voulu jeter, en passant, cette observation, quoiqu'elle n'ait pas un rapport direct avec l'objet de ce faible ouvrage, où je m'occupe uniquement des plantes particulières à notre climat.

Mais je m'aperçois qu'avant de quitter le printemps, j'aurais dû parler de deux arbustes qui fleurissent vers le mois de mars; le premier, le *grémil frutiqueux* (*lithospermum fruticosum*), mêle aux touffes de chêne-vert-nain, qui tapissent nos garrigues, des tiges fort *hispides*, mais surmontées de jolies fleurs pourprées. Quant au second, le *thym commun* (*thymus communis*), dans le langage du pays *pôta* ou *frigoûla*, il n'est pas de végétal plus connu à Montpellier. « C'est (dit M. Amoreux) (*) la plus abondante de nos plantes aromatiques. » Le thym est une de ces plantes que j'oserai appeler *classiques*. C'est dans ses fleurs que les abeilles du mont Hymète et de l'Hybla puisaient ce miel, si célèbre dans l'antiquité;

Nerine Galatea, thymo mihi dulcior Hyblæ.

Au mois de mai, on dirait que Flore a

(*) État de la végétation sous le climat de Montpellier.

renversé sa corbeille. Dès la seconde moitié de ce mois, et surtout vers la première du mois suivant, notre végétation prend un caractère estival bien décidé. C'est alors que commence à fleurir, toujours dans nos garrigues, et mêlée avec le thym, une plante ligneuse et aromatique, connue dans le pays sous le nom d'*éspidét* ou *éspiguét*, et qui est le *lavandula spica* de Linné. C'est de cette plante qu'on tire l'*huile de spic*, dite, par corruption, d'*aspic*. La véritable *lavande*, d'où est tirée l'essence appelée *eau de lavande* (*lavandula vera* ou *officinalis*), n'est pas indigène dans nos campagnes. C'est dans ce même mois de mai que fleurit notre *allium roseum* (ail à fleurs roses). Nos botanistes assignent à cette plante, pour station ordinaire, les vignes; mais on la voit souvent dans nos haies, à travers lesquelles ses longues tiges viennent chercher la lumière, et montrer ses jolies fleurs qu'on prendrait de loin pour de petites roses. Dans ce même mois, des *hélianthèmes* commencent à parer de leurs fleurs d'or ou d'argent, la stérilité de nos garrigues. Ce joli genre, que les botanistes modernes ont séparé des *cistes*, n'offre aucune utilité, et l'on dirait que la nature l'a uniquement destiné à la décoration des terres rebelles à la culture. Un sol aride, pierreux, et exposé aux rayons brûlants du soleil, voilà leur station ordinaire. Aussi leurs espèces sont-elles plus nombreuses dans nos climats que dans le Nord de la France et de l'Europe. Elles trouvent chez nous l'habitation et la station qui leur convient. Celles qui s'avancent sous une latitude plus élevée, peuvent être considérées comme des *colonies* éloignées de la *métropole*. La *chloris suecica* (Fl. de Suède), par Linné, en contient trois espèces. On trouvait des villes grecques dans la Scythie.

De la mi-mai à la fin de ce mois, fleurissent un grand nombre de graminées. Plusieurs plantes de cette famille sont particulières à notre région botanique. Mais ces sortes de végétaux étant dépourvus de ce que le vulgaire nomme *fleur*, malgré l'admirable variété de leurs formes, n'attirent pas chacun en particulier assez les regards pour que j'en fasse une grande mention dans les *Beautés* de notre Flore. On sait que les anciens botanistes eux-mêmes avaient porté un œil si peu scrutateur sur cette famille, si nombreuse en genres divers, qu'ils la qualifiaient par le seul nom générique de *gramen*. Je dirai, en passant, que le genre de cette famille, dont une espèce est si célèbre sous le nom de *canne à sucre*, n'est point étranger à notre *Flore*. Nous avons notamment le *saccharum ravennæ*, très-belle graminée, que j'ai vu transportée dans les jardins, égaler en taille et en beauté les arbrisseaux les plus remarquables qui en faisaient l'ornement. Dans le joli genre *briza* (amourette) on peut remarquer le *briza maxima*, une des plantes caractéristiques de notre région botanique, et qui se distingue de ses congénères par la grosseur de ses épillets et la couleur brunâtre de ses glumes.

Il me semble qu'il entre encore moins dans mon plan de m'occuper d'une autre famille fort rapprochée des *graminées*, et dont plusieurs genres ou espèces ont été même confondus par les anciens botanistes sous la même dénomination de *gramen*, les *cypéracées*. Non-seulement elles n'ont aucun rapport d'utilité avec les précieuses *graminées*, mais elles sont bien loin de les égaler pour la variété et l'agrément des formes. Si elles se glissent quelquefois parmi ces *graminées*, c'est avec la malédiction du cultivateur; aussi la nature semble-t-elle les avoir reléguées, pour la plupart, dans des lieux stériles, et encore plus communément dans des terrains inondés, où ces humbles et tristes *bocages* ne sont animés que par les coassements de l'importune grenouille. M. Gouan a cependant compté, parmi les richesses de notre *Flore*, un de ces végétaux qui fait réellement partie des plantes particulières à la région méditerranéenne, mais qui demande cependant une latitude plus méridionale que celle de Montpellier. Je veux parler du *souchet comestible* (*cyperus esculentus*), dont la racine produit des tubercules qui servent d'aliment dans certains pays. *La critique botanique* l'a exclu de notre *Flore*.

Vers la fin de mai, on peut voir les *houpes* qui succèdent aux fleurs d'un trèfle méridional (*Trifolium cherleri*) tapisser le sol comme d'un doux duvet. On peut observer que dans ce genre, les corolles flétries sont quelquefois remplacées par des fruits, qui sont comme une nouvelle parure pour ces plantes. Ainsi, le *trifolium-arvense* qui croît dans toute l'Europe, porte après sa floraison, sur ses tiges déliées, de jolis *pompons*. Nous avons aussi en commun avec la Flore du Nord, *le trèfle qui porte des fraises* (*trif. fragiferum*). Mais du nombre de ceux qui, par un avantage bien rare parmi les végétaux, comme parmi des êtres bien plus élevés dans l'échelle de la nature, peuvent encore attirer agréablement les regards, après que leur *printemps* est passé, nous avons particulièrement dans nos campagnes le *trèfle écumeux* (*trif. spumosum*), le *trèfle étoilé* (*trif. stellatum*).

Les *trèfles*, à cause du peu d'élévation de la plupart de ces plantes, ne figurent point dans les plate-bandes de nos jardins. Cette famille est restée *plébéïenne*. Cependant quelques-uns de ces *trèfles* n'auraient-ils pas pu être modifiés par la culture, de manière à devenir des *plantes d'ornement?*

Dans le mois de juin, commencent à paraître en grand nombre les *composées* ou *synanthérées*, grande nation qui comprend plusieurs peuples, et dont les brillantes fleurs font la plus grande parure des campagnes pendant l'été et l'automne. Une des premières et des plus communes que nous voyons éclore, est le *tragopogon* ou l'*urospermum Dalechampii* (*), plante solaire, c'est-à-dire, dont les fleurs s'ouvrent et se ferment à des heures déterminées du jour. Celles de la plante dont il est question ne sont point sans éclat, et le matin frappent partout les regards, mais le soir ne se montrent plus aux yeux du promeneur. Les papillons dont elles faisaient, il y a peu de moments, les délices, passent au-dessus d'elles avec dédain. Il est vrai qu'elles s'épanouissent de nouveau le lendemain, et plus heureuses que bien d'autres

---

(*) *Hedypnois monspessulana*. J. Bauhin.

fleurs, si elles ne vivent que la moitié du jour, elles voient du moins plus d'une aurore. Aussi cette plante est-elle du nombre des *chicoracées* qui, comme l'on sait, sont les plus propres, dans nos climats du moins, à former un cadran végétal, et composent, en effet, en grande partie, celui que Linné a publié dans ses immortels ouvrages. Ainsi nous ne serons pas surpris d'observer le même phénomène dans la plante suivante de la même famille, le *catananche cœrulea*, que dans les jardins du Nord de la France, l'amateur cultive avec soin, et à laquelle il s'est plu à donner le nom flatteur de *cupidone*, mais dont les agréments sont peu appréciés, ou plutôt peu connus dans le pays où elle croît spontanément. Comme elle affecte les sites les plus agrestes, les terrains rocailleux qu'évitent ordinairement les pas du promeneur, que par l'effet même du phénomène dont il est question plus haut, elle reste voilée une grande partie du jour, on peut croire qu'elle est plus ignorée que dédaignée. Malgré le désir que j'aurais de comprendre dans la *Flore de Montpellier*, à l'exemple des *Gouan* et des *Candolle*, une fleur qui paraît celle qu'a chantée, sous le nom d'*amellus*, le prince des poètes latins;

Est etiam flos in pratis cui nomen amello,

je dois avouer que l'habitation de l'*aster amellus* dépasse les limites étroites que j'ai cru devoir me prescrire, si toutefois il se trouve même dans les cantons voisins que M. Gouan a indiqués comme son habitation. Quoi qu'il en soit, cette fleur n'est point pour les habitants de Montpellier et de son territoire, *facilis quærentibus herba* (*).

Quoiqu'il soit un peu délicat pour un écrivain de parler de *chardons*, j'oserai dire que parmi les plantes vulgairement réunies sous cette dénomination, il en est plusieurs, faisant partie de notre *Flore* spéciale, qui ne sont pas indignes de remarque, telles que le *cynara carduncculus*, en langage du pays *cardounéta*, plante qui croît aux environs d'Alger, comme à ceux de Montpellier, et dont la variété cultivée est bien connue, surout dans les cuisines, sous le nom de *cardon;* l'*échinops ritro*, que malgré l'âpreté de ses feuilles, sa fleur azurée a fait admettre

(*) M. Gouan, dans son *Hortus monspeliensis* et ses *Herborisations*, a compris l'*aster-amellus* parmi les plantes du *Capouladou* et de la *Sérane*, chaînes de montagnes qui bordent l'Hérault des deux côtés opposés. M. Delille doute que cette plante se trouve dans ces lieux.

dans quelques jardins ; et enfin le *scolymus-hispanicus*, en langage du pays *cardousses*. Il paraît évident que c'est du *scolymus-hispanicus* que parle Pline sous le nom de *scolymon*. Il fait observer que cette plante fleurit dans les plus vives chaleurs de l'été, et que c'est comme par une providence de la nature qu'un végétal propre à ranimer et à échauffer, paraît dans un temps où les désirs languissants d'un sexe ne répondent point à celui d'un autre, rendus plus vifs par la saison. Mais ce n'est point, ce me semble, lorsque cette plante est en fleur qu'elle est d'usage comme comestible. A Montpellier, du moins, ce sont ses racines encore tendres qu'on mange au printemps, époque où les vertus attribuées à cette plante peuvent paraître de surérogation (*). Les *Flores* du Nord indiquent le *souci* (*calendula arvensis*) comme fleurissant tout l'été, mais dans nos pays méridionaux, conformément à l'étymologie de son nom latin, toutes les calendes le voient en fleur. *Semper virens et semper florens*, dit de cette plante M. Gouan, et

---

(*) Du reste, le *scolymus-hispanicus* s'étend jusqu'aux environs de Nantes, et probablement d'Orléans (de Candolle, Fl. fr.). Quant au *scolymus maculatus*, il est propre à nos provinces méridionales.

en effet, au cœur de l'hiver, au mois de janvier même, nos vignobles, dont l'aspect est naturellement assez triste dans cette saison, sont égayés par l'abondance de ces fleurs dorées, qui attirent de loin le peu de papillons que la froidure a épargnés. Aussi bien dans nos heureux climats, cette fleur peut presque tous les jours satisfaire le *penchant* ou suivre l'*instinct* qui la porte à se tourner vers le *roi des astres*, d'où lui vient, suivant les étymologistes, son nom français *souci*, autrefois *soulci*, du latin *solsequium* (8). Mais cette noble habitude de regarder constamment le soleil, paraît lui être commune avec toutes les plantes de sa famille, qui, dans leur couleur, et un grand nombre dans leur forme, retracent l'image de cet astre. C'est sans doute, particulièrement, des *composées* que veut parler Dupinet, dans *sa traduction gauloise, mais savante* de Pline (c'est ainsi que la qualifie Bernardin de Saint-Pierre), lorsqu'il observe, dans une de ses annotations, que *quasi toutes fleurs jaunes suivent le cours du soleil* (9). Il semble que c'est, parmi ces *composées*, qu'on devrait trouver la jalouse Clytie, l'amante d'Apollon, plutôt que dans l'ignoble *tournesol* (*croton tinctorium*), si bien naturalisé dans nos champs, qu'on peut bien lui accorder les honneurs de l'*indigénat* (*). Quoique cette plante soit désignée sous le nom d'*herbe de Clytie*, et que de célèbres botanistes la regardent comme ayant donné lieu à la fable de cette nymphe (**), si élégamment racontée par Ovide, j'ai bien de la peine à reconnaître, dans l'*habitus* vulgaire de notre *tournesol*, une nymphe digne des embrassements d'un Dieu. Ainsi, malgré mon inclination à parer nos campagnes de beautés poétiques, je pencherais fort à croire que, si le *tournesol* offre quelque intérêt pour les arts, ce n'est point pour ceux auxquels préside le *Dieu du jour* (10). Beaucoup de *malvacées* fleurissent au commencement de l'été. J'observerai qu'une belle plante de cette famille, l'*alcea rosea* de Linné, si connue dans les jardins sous les noms de *passerose*, de *rose trémière*, tend à se naturaliser aux environs de Montpellier, ce qui n'est nullement extraordinaire, attendu que, suivant Gerard (Flore de Provence), elle est indigène dans un climat fort analogue au nôtre,

(*) Suivant Linné, *coloniæ plantarum*, cette plante n'est pas originaire de l'Europe.

(**) V. l'article *Herbe de Clytie*, par M. de Jussieu, dans le dictionn. des sciences naturelles.

la Basse-Provence. Elle y habite les montagnes, et se plaît dans les lieux les plus inaccessibles et les rochers les plus escarpés. Elle n'a point à Montpellier une station aussi agreste. Ses graines, que le vent a sans doute transportées des jardins des faubourgs, ne germent guère encore que dans leur voisinage.

On voit aussi fleurir dans l'été un grand nombre d'espèces de ce genre si nombreux, qu'on pourrait le considérer comme une famille, *les becs de grue* (*geranium*); et en effet, les botanistes modernes ont cru devoir faire de ce genre, d'ailleurs si naturel, trois genres différents. *Les becs de grue*, déjà fort nombreux dans la Flore parisienne, le sont encore plus dans la nôtre, et ne sont pas la moindre parure de nos campagnes pendant la belle saison. C'est surtout dans les genres très-nombreux et très-naturels, comme celui dont il est question, qu'on peut le plus admirer ce que Pline appelle *inenarrabilis florum subtilitas*. On voit, en effet, la nature en distinguer les espèces par des traits délicats, qui, en les empêchant d'être confondues, n'empêchent point cependant qu'au premier aspect on les reconnaisse pour sœurs.

Pendant le mois de juin, les roches de nos *garrigues* sont tapissées de *phlomis lychnitis*, labiée à fleurs jaunes, appelée dans notre langue vulgaire (d'après Magnol) *sâouvia-sâouvâja*. Cette plante vraiment méridionale, est d'orangerie dans le Nord de la France. Il est à remarquer qu'aucune espèce de ce genre ne fait partie de la Flore parisienne. Le *phlomis lychnitis* est nommé par les Castillans *candilera, parce que ces feuilles cotonneuses peuvent servir de mèches dans les lampes. Dans le royaume de Grenade, elle porte pour la même raison le nom de menchera* (M. de Jussieu, Dictionn. des scienc. nat.). Le nom spécifique de cette plante vient du grec *lychnos*, qui signifie *lampe*. Amyot (trad. de Plutarque) la nomme *la chandelière*, et Plutarque dit qu'anciennement on en jetait avec des roses, *aux victorieux qui avaient gagné le prix* dans les jeux sacrés. Mais je pense qu'il s'agit ici d'une fleur moins éloignée par sa forme, *des roses* auxquelles on la joignait; et, d'après Pline, les Grecs ont donné le nom de *lychnis* à une fleur que les Latins nommaient *rosa græca*. M. de Jussieu (Dict. des scienc. nat.) rapporte, d'après C. Bauhin, que le *rosa græca de Pline est, selon quelques-uns, le lychnis chalcedonica*.

Un assez grand nombre de *papillonacées* fleurissent pendant le mois de juin et de juillet. Il faut remarquer parmi elles l'espèce de *lathyrus* (gesse), désigné par Gouan (Fl. m.) sous le nom d'*heterophyllus*, dont les grandes fleurs peuvent, sans contredit, le disputer en beauté à celles d'une plante du même genre, et l'une des plus agréables de nos jardins, le *lathyrus-odoratus* (pois de senteur); mais notre *lathyrus* ne frappant que les yeux par un avantage si commun parmi les fleurs, languit dédaigné dans la solitude de nos champs (*).

Après avoir jeté un coup-d'œil, en passant, sur un très-petit mais joli sous-arbrisseau de nos garrigues, le *cytise argenté*, nous observerons aussi parmi les *papillonacées*, la *psoralée bitumineuse*, non qu'elle soit par elle-même fort digne d'attention, mais comme étant la seule de son genre qui s'avance sous une latitude aussi septentrionale. Toutes les autres espèces cultivées dans les jardins des curieux, sont au Nord de la France, des plantes de *serre-chaude* ou *d'orangerie*, et celle-là même dont il est ici question. Du reste, Pline et Columelle paraissent avoir

(*) M. Delille n'est pas fixé sur la plante à laquelle doit être rapporté le *lathyrus*, désigné par Gouan sous le nom d'*heterophyllus*, et que M. Delille pense n'être point le véritable *heterophyllus*.

parlé de cette plante : le premier, sous le nom d'*asphaltion* ; le second, sous celui de *trifolium simonianum*.

Le même *phénomène de géographie botanique* peut être observé relativement à une fleur plus *spécieuse*, le *glayeul* (*gladiolus communis*), que j'aurais pu placer parmi nos plantes printanières, car elle commence dès le mois d'avril à empourprer nos moissons. Tous les autres *glayeuls* habitent l'extrémité de l'Afrique, le Cap de Bonne-Espérance. Celui-ci, transporté de nos champs méridionaux dans les jardins, en est un des ornements. *La flor de glai*, souvent célébrée dans nos vieux romanciers, n'est pas le *glayeul*, mais dit-on l'*iris*, plante, du reste, de la même famille que le *glayeul* (11).

A la suite de ces deux plantes, je crois en devoir mettre une autre qui pourrait cependant être placée parmi les *automnales*, mais qui se lie aux deux précédentes par un rapport, celui d'être comme elles le seul représentant de son *genre* dans nos climats. C'est la *dentelaire* (*plumbago europea*). Toutes les autres espèces sont exotiques.

L'été voit aussi fleurir, dans nos terrains incultes et arides, une plante digne surtout de remarque par la brillante famille dont elle est la *souche*. C'est l'espèce d'œillet sauvage (*dianthus caryophyllus*) d'où sont venues toutes ces nombreuses variétés, cultivées sous le nom général d'*œillet des fleuristes* (*). Quant à l'*œillet* dit *de Montpellier*, on ne le trouve que loin de Montpellier, et dans une température peu analogue à celle de cette ville et de ses environs. Il se plaît à l'ombre des bois, qui couvrent les froids sommets de l'Espérou, des Alpes, des Pyrénées, etc.

Nos anciens botanistes n'ont pas toujours reconnu les différences ou les nuances qui distinguent notre *Flore*, de celle de la France et de l'Europe septentrionales. Ainsi, nous n'avons pas, comme ils l'ont cru, le cynoglosse vulgaire (*cynogloscum officinale*). Mais en compensation nous avons le *pictum*, plante méridionale, quoiqu'elle croisse, dit-on, en France jusqu'à la hauteur d'Orléans et de Tours. Quant à cette autre *borraginée*, fort rapprochée de la précédente, *anchusa*, vulgairement *buglose* ou *buglosse*, nous n'avons pas l'espèce que Linné a désignée sous le nom d'*anchusa officinalis*. Elle est remplacée,

---

(*) M. Loiseleur Deslongchamps borne l'habitation de cet *œillet*, quant à la France, aux départements méridionaux (V. le Dict. des sciences naturelles, article *œillet*). M. Thuillier l'a cependant compris dans sa Fl. parisienne (an VII).

dans nos campagnes, par l'*anchusa italica* qui, du reste, est dit-on commune dans toute la France. L'*officinale* de Linné est du Nord de l'Europe. Nous avons dans le même genre l'*anchusa tinctoria*, fort connue sous le nom vulgaire d'*orcanette*, et dont la racine est employée pour teindre en rouge. Cette plante a été aussi, dit-on, appelée *alcanette*, et Dalechamp en désigne les racines sous la dénomination d'*alcannæ radices*. Ce rapport de nom avec l'*alcana* ou *henné*, plante si connue en Orient, paraît à M. de Jussieu avoir été déterminé par un même emploi du henné et de l'orcanette, pour teindre les dents et les ongles (*).

Nous remarquerons aussi, dans un genre dont il a été question plus haut, le *cynoglosse à feuilles de violier* (*cheirifolium*). Il se distingue par ses fleurs d'un rouge très-foncé, et tirant sur le noir. Une plante d'un autre genre, mais également particulière à notre *Flore*, présente des corolles plus décidément noires, couleur fort rare, comme on sait, dans les fleurs. C'est l'*asclepias nigra*. Nous avons aussi des espèces d'*aristoloche*, à fleurs

(*) Certains botanistes placent l'*orcanette* dans le genre *lithospermum*.

d'un pourpre plus ou moins foncé, allant quelquefois jusqu'au noir. C'est la *pistolochia* et la *rotunda*, et il est à remarquer qu'elles sont purement méridionales, tandis que la *clematitis* aux corolles d'un jaune pâle s'avance jusques dans le Nord.

Dans les premiers jours de juin, nos sentiers sont bordés de ces fleurs agréables par leurs formes et leur couleur, et dont le nom peut également reporter notre imagination et vers les héros du Tasse, et vers les prodiges des Mille et une Nuits, la *nielle de Damas* (*nigella damascena*). La découpure de ses feuilles en filets très-déliés lui a fait donner, par les fleuristes parisiens, les noms de *patte d'araignée* et de *cheveux de Vénus*. Ce dernier nom, sans doute, plaît davantage à l'imagination. Les campagnes parisiennes ont comme les nôtres, le *peigne* et le *miroir* de Vénus, mais nous avons de plus ses *cheveux* (12).

Vers la fin du mois de juin, on peut voir abondamment en fleur, dans les champs voisins du Lez et de Castelnau, l'*iberis pinnata*, qui a l'air d'un petit arbuste fleuri. On peut s'étonner que cette plante, qui n'est pas dépourvue d'agrément, soit par ses fleurs, soit par son feuillage, n'ait point été, comme d'autres de son genre, transportée dans les jardins. Je trouve en général qu'ils auraient encore bien des conquêtes à faire sur les champs. Que de jolies fleurs dédaignées s'embelliraient encore soumises à la culture, qui est l'*éducation* des plantes, et se diviseraient en nombreuses *variétés !* Le premier qui a transporté dans son jardin le vulgaire *coquelicot*, prévoyait-il que de cette plante naîtraient des générations variées qui feraient l'ornement des plus brillants parterres ? Ainsi, parmi les hommes, telle famille habite un palais, qui, sortie originairement d'une chaumière, y laissa des parents qu'elle ne reconnaît plus. Parmi les *crucifères* encore, nous ferons mention, à cause de la forme singulière de leurs silicules, et de la *masse au bedeau* (*bunias erucago*), et des deux *lunetières* qui ont tant de rapport entre elles, *biscutella saxatilis* et *biscutella ambigua*. Nous observerons que ce genre entier, *biscutella*, est particulier à la région méditerranéenne.

Dans la famille des *ombellifères*, nous n'aurons garde d'oublier la *férule*, qui rappelle de si antiques souvenirs. On sait qu'une tige de cette plante servit, suivant la Fable, à Prométhée pour emporter le feu du ciel qu'il avait dérobé. C'était sur un bâton de *férule*, que s'appuyait le père nourricier de Bacchus à qui cette plante était consacrée.

Ce Dieu, qui prévoyait que la liqueur qu'il donnait aux hommes exciterait trop souvent parmi eux la discorde, avait voulu que leurs mains ne fussent armées que de tiges de *férule*, cannes légères propres à soutenir leurs pas chancelants, mais dont les coups ne pouvaient être meurtriers. L'espèce qui croît sur nos côtes est le *ferula glauca* (*).

Un grand nombre de fleurs labiées paraissent vers le mois de juillet et dans tout l'été. Parmi elles on peut donner un coup-d'œil, comme appartenant à notre Flore spéciale, à l'*ivette musquée* (*teucrium iva*), à laquelle sa foliation touffue et linéaire a fait donner ce nom d'*ivette*, comme qui dirait *petit if* (13).

Vers le mois de juillet fleurissent aussi les *menthes*. Mais il est à remarquer que nous n'avons, dans ce genre, aucune des espèces qu'on a jugé dignes d'être cultivées

---

(*) Il paraît que la férule n'est pas la seule *ombellifère* dont les tiges aient servi de *canne*. D'après le poète italien *il Varchi*, dans le *Capitolo* qu'il a écrit en l'honneur du fenouil (*finocchio*), on peut juger que cette plante a aussi servi à cet usage. Voici les vers qu'il lui adresse :

> *Non sei tu secco poi grato bastone*
> *A' vecchj, fiacchi, a cui bisognarebbe,*
> *Se tu non fussi, andar quasi carpone ?*

communément dans les jardins. Ainsi, le *mentha sativa* (baume des jardins), le *m. gentilis* (menthe des jardins), et le *m. piperita*, dont on fait la liqueur de table et les pastilles si généralement connues, ne sont point indigènes aux environs de Montpellier. Malgré la saveur et l'odeur aromatiques qui les caractérisent, et qui semblent plus particulièrement appartenir aux plantes du Midi, celles-ci habitent des latitudes plus septentrionales que la nôtre. Mais en compensation, notre *Flore* spéciale est enrichie de la sauge (*salvia officinalis*), plante si célèbre pour ses vertus, et dont quelques variétés singulières, obtenues par la culture, décorent les jardins.

En nous avançant dans l'été et nous exposant à tous ses feux, nous trouverons une plante, l'une des plus belles, sans contredit, d'une famille qui en renferme de si belles, les *narcisses*. C'est le *pancratium maritimum*, vulgairement *lis de mathiole*, qui, au commencement du mois d'août, se montre en fleur le long de nos étangs, dans un sol aride, que frappent les rayons d'un soleil brûlant, dans un air chargé de particules salines, et certes on ne peut pas dire de cette belle plante comme de la rose;

L'aura soava e l'alba rugiadosa
L'acqua, la terra al suo favor s'inchina,

mais elle ne s'en décore pas moins de fleurs éclatantes, semblables à de petits vases d'albâtre, où les légers habitants des airs pourraient s'abreuver de l'eau du ciel (*).

Le joli lin maritime (*linum maritimum*) commence à épanouir ses fleurs au mois d'août ; mais comme bien d'autres plantes estivales, il en prolonge la durée jusque bien avant dans l'automne. Cette qualification de *maritime* ne doit pas faire croire qu'il borne son habitation aux bords de la mer. Il mêle quelquefois ses fleurs dorées à l'azur des corolles d'un autre lin (*linum angustifolium*), dans les prairies qu'arrose le Lez, vers le pont de Castelnau. Cette dernière plante, très-rapprochée du *lin d'usage*, avec lequel même elle a été confondue par nos anciens botanistes, a paru à M. Loiseleur Deslongchamps, *pouvoir donner de la filasse très-fine*, et il pense qu'on pourrait en essayer la culture.

(*) Les fleuristes parisiens font venir communément les ognons de cette plante de Montpellier. Mais elle a été tellement recherchée dans ces derniers temps, pour en orner les jardins, qu'on en a, en quelque sorte, dépouillé les côtes de notre territoire ; un seul marchand de plantes de Montpellier a, dit-on, tiré plus de deux mille de ces ognons de leur sol natal.

Dans le voisinage des prairies que je viens d'indiquer comme l'habitation, ainsi que d'autres lieux analogues, *du lin maritime*, croît une autre plante maritime, ainsi que méridionale, mais d'un aspect infiniment moins agréable, c'est le *salsola tragus*, du genre des *soudes* qui semblent si attachées au sol imprégné de sel des bords de la mer. Mais les vents marins qui soufflent si communément à Montpellier, chargés d'émanations salines, nuisibles à tant de végétaux, sont les *zéphyrs* de ces sortes de plantes ; et pourvu qu'elles soient placées de manière à recevoir ces émanations, des plantes, quoique *maritimes*, peuvent végéter à une grande distance de la mer.

Une autre plante maritime et méridionale aussi, n'est pas indigne de remarque, soit pour ses jolies fleurs azurées, soit par la qualification qu'on lui attribue de *monspeliensis*, soit parce qu'à elle seule elle constitue un genre. C'est la *coride* (*coris monspeliensis*).

Les bords frais et humides de nos rivières produisent sans doute une végétation assez analogue à celle des pays dont la fraîcheur et l'humidité caractérisent la température. J'observerai même, en passant, que c'est presque uniquement sur les bords de ces rivières que nous retrouvons la *fougère*, si célébrée par les chansonniers de la *langue* d'*oui*, et à laquelle un d'eux a dit avec reconnaissance;

> Aux amants vous servez de lit,
> Aux buveurs vous servez de verre.

Mais notre végétation *littorale*, malgré son analogie avec celle du Nord, offre quelques traits distincts. Ainsi, la belle espèce de *séneçon* (*senecio doria*), qui, sur les rives de notre Lez, élève à hauteur d'homme ses tiges surmontées d'un corymbe de fleurs dorées, n'appartient pas aux climats septentrionaux (*).

A la plante précédente, nous en joindrons une autre qui croît dans la même station, et dont l'habitation paraît même plus décidément bornée à notre région botanique, c'est une espèce de *lotier* (*lotus recta*). Cet arbrisseau (**), couvert d'un feuillage ver-

---

(*) « *Habitat Oriente*, *Austriæ sylvis*, *Monspelii ad ledi ripas.* » Linné, *Species plantarum.*

(**) J'emploie ici le mot *arbrisseau* dans un sens plus étendu que ne comporte l'exactitude des définitions botaniques. Le *lotus recta* n'est qu'une *herbe* à racine vivace, et dont la tige est élevée, frutescente et rameuse.

doyant et touffu, entremêlé de nombreux *capitules* fleuris, est un des végétaux qui s'offrent le plus communément à la vue, le long du Lez, pendant l'été. Linné indique son habitation en Sicile. Ainsi, l'aspect de nos campagnes rappelle souvent notre imagination vers ces beaux climats, consacrés par les monuments de la littérature classique; en parcourant les rives du Lez, ombragées de ces *lotiers* fleuris, je me peins les bords de la fontaine Aréthuse, ou du fleuve Acis, et peut-être de semblables rameaux ont été arrosés des larmes de Galatée. « La température des eaux (dit M. de Candolle), présentant de moindres diversités que celle de l'air, il est probable que les plantes aquatiques doivent être, moins que toutes les autres, bornées à un climat déterminé. » Cependant nos eaux stagnantes ne nourrissent point, comme celles du Nord de la France, cette plante vulgairement connue sous le nom de *châtaigne d'eau* (*trapa natans*), seul fruit comestible peut-être, qui du moins dans nos climats, sorte du sein des eaux. Ce fruit est chétif sans doute, mais cependant une de ses espèces est, dit-on, cultivée à la Chine.

L'*acanthe* (*acanthus mollis*) dont le feuillage a été si souvent imité dans les arts,

Et nobis idem Alcimedon duo pocula fecit,
Et molli circùm est ansas amplexus acantho;

et qui, par un heureux hasard, a donné, suivant Vitruve, l'idée de l'élégant chapiteau corinthien; l'*acanthe*, du temps de nos anciens botanistes, croissait abondamment autour de Montpellier. Cette belle plante méridionale a depuis disparu de notre territoire, mais elle n'est pas devenue étrangère à notre *Flore*, dans les limites même étroites que nous lui avons assignées. On trouve encore l'*acanthe* sur les vieux murs, à Murviel, à S.t-Brez, villages peu distants de Montpellier (14).

Dans le mois de septembre, on voit plusieurs plantes germer de nouveau, sans attendre le retour des zéphyrs. Ce sont surtout des graminées, des ombellifères, des ansérines, etc. Parmi ces dernières, genre sans éclat, qui renferme la puante *vulvaire*, et dont le reste des espèces européennes semble fort éloigné par la saveur et l'odeur, des aromates et des épiceries, nous remarquerons le *chenopodium botrys*, qui se distingue par une odeur aromatique.

Le *smilax aspera*, contre l'ordre établi pour la plupart des végétaux, pare l'automne de ses fleurs et le printemps de ses fruits. C'est dans cette dernière saison que des grappes de baies rougeâtres remplaceront ces délicates corolles, d'où s'exhale l'odeur du miel. C'est de cette plante, ou d'une espèce voisine, que Pline parle dans son 16.e l., ch. 35, où il rapporte que le vulgaire ignorant, la confondant avec le lierre, s'en servait pour des couronnes dans les fêtes de Bacchus, sorte de profanation, dit-il, parce que le *smilax* rappelait des idées lugubres, ayant été produit par la métamorphose d'une jeune fille changée en cette plante, tandis que son amant *Crocus* l'était en une autre fleur qui porte ce dernier nom. Notre *smilax aspera*, plante grimpante, tapisse les murs des héritages, elle hérisse les haies de ses piquants, qu'elle fait sentir à la main indiscrète qui tente de passer à travers ces feuilles épineuses, pour cueillir quelque humble fleur; elle est souvent mêlée à une autre plante de la même famille (les *asparaginées*), dont les feuilles devenues autant de piquants, ne rendent pas moins difficile l'accès des haies où elle croît, que le *smilax aspera*. C'est l'*asperge à feuilles aiguës* (*asparagus acutifolius*) nommé dans notre langue vulgaire *roûme-counil*, c'est-à-dire *ronce de lapin*, et en latin *corruda*. Dalechamp, dans ses notes sur Pline (liv. 20, ch. 10), s'est trompé lorsqu'il a cru voir dans le nom languedocien de cette plante, qu'il écrit *romioconin*, une allusion au nom qu'elle portait en grec. On trouve, relativement à cette plante, dans

Plutarque, qu'*au païs de la Bœoce, la coustume est que le jour des nopces, quand on met le voile nuptial à l'espousée, on luy met aussi sur la teste un chapeau de ramage d'asperge sauvage, pource que cette plante, d'une très-poignante espine, produit un très-doulx fruict* (Les préceptes du mariage, ch. 3). Dans nos pays, on ne se sert de ce *ramage* que comme d'une sorte de filtre, à travers lequel on fait couler le vin quand on le tire de la cuve. Mais les jeunes pousses de cette plante se mangent comme celles de l'*officinalis*. Dès les premiers jours du printemps, on voit des femmes occupées à la recherche de ces *pousses*, particulièrement dans nos haies. Elles sont vendues à Montpellier sous la désignation d'*asperges sauvages*. C'est probablement de cette sorte d'*asperges* que parle Juvénal dans ces vers ;

. . . . montani
Asparagi posito quos legit villica fuso.

Nous pouvons remarquer parmi nos plantes estivales-automnales, comme la seule plante de son genre qui habite la France, *la camphrée de Montpellier* (*camphorosma monspeliaca*). On l'emploie à Montpellier en infusion théiforme, pour l'asthme ;

. . . . . senibus medicatur anhelis.

La température de nos automnes est ordinairement si douce, que nos campagnes sont encore abondamment pourvues de fleurs à cette époque. Le botaniste peut y trouver à glaner et presque à moissonner. Un grand nombre de plantes estivales continuent à fleurir, et bien des printanières même refleurissent. Beaucoup de composées surtout étalent encore leurs jolies corbeilles de fleurs (*).

Vers la fin même d'octobre, dans ces petits bosquets de chênes-verts, situés au milieu des vastes vignobles de Grammont, et faibles restes du bois de ce nom, on peut voir l'*aster acris* élever ses corymbes purpurins, du sein de l'humble bruyère (*erica vulgaris*). Cette dernière plante ne nous est pas, tant s'en faut, particulière; mais on peut remarquer que dans notre climat, elle orne également de ses rameaux fleuris, les derniers et les premiers beaux jours de l'année. Dans les mêmes lieux et pareillement dans l'automne, on voit fleurir la scabieuse qui porte le nom de *scabieuse de Grammont* (*Gramuntia*).

(*) M. Cassini donne le nom de *calathide*, d'un mot grec qui signifie *corbeille*, à la réunion de petites fleurs renfermées dans un calice commun, qui forme la fleur *composée*.

C'est de l'été à l'automne que les sarriettes (*hortensis et montana*) parfument de leurs rameaux fleuris nos arides coteaux qui, lorsque la saison est plus avancée, n'ont plus guère pour parure, du moins en plantes méridionales, que la *scabieuse à fleurs blanches* (*leucantha*). Cependant, en général, nos campagnes n'éprouvent point une longue interruption dans la *floraison* des végétaux destinés à les décorer. Les dernières fleurs de l'automne se joignent, pour ainsi dire, aux premières du printemps, ou plutôt bien des plantes qualifiées de *printanières* dans les climats du Nord, pourraient être appelées dans le nôtre *antéprintanières* ou *hibernales*. Dans nos contrées, l'image de la belle saison n'est jamais pleinement effacée, l'année conserve jusque dans sa décrépitude quelque air de jeunesse, et le printemps y est toujours *représenté* (15).

Et vos lauri carpam, et te proxima myrte.

Nous avons quelques végétaux remarquables, qui, sans être indigènes, ni même pleinement naturalisés, le sont du moins dans nos jardins. Ils y croissent en pleine terre, sans avoir besoin de ces abris où sous une latitude plus septentrionale, on les garantit des rigueurs de l'hiver. Ce sont, si l'on peut parler ainsi, des végétaux *domestiques* d'une origine étrangère, comme la plupart des animaux que nous qualifions ainsi. On peut citer parmi les plantes dont je parle, le laurier, le myrte, le laurier-amande, le laurier-rose à fleurs simples, le câprier, et même l'acacie de Farnèse (*mimosa farnesiana*), quoique cet arbre charmant, qui n'est qu'un arbrisseau chez nous, demande plus rigoureusement que les précédents une exposition particulière. Je ne parle point de l'olivier et du figuier ; ce serait en quelque sorte empiéter sur l'agriculture, et il s'agit ici des *beautés de Flore*, et non des *richesses de Pomone*. J'observerai seulement que ces deux arbres sont naturalisés dans nos campagnes, comme dans la plupart des pays où ils sont cultivés. On les y trouve, non proprement à l'état sauvage, mais à celui de *sauvageon*. Le premier, que dans notre langage vulgaire on nomme *âoulivié-sâouvaje*, porte en provençal le nom d'*oulivâstre*, plus en rapport avec celui par lequel les Latins le désignaient *oleaster* (16).

Nous nommons le second *figuié-cabrâou*, par une dénomination fort analogue au *caprificus* des Latins.

On ne s'étonnera pas sans doute que dans cet opuscule, je n'aie fait nulle mention des plantes connues sous le nom de *cryptogames*. Si je me suis si peu étendu, même sur les *graminées*, qui offrent des formes variées et agréables à la vue, dont la floraison est apparente, quoique dépourvue de cet éclat que donnent à celle de la plupart des autres végétaux une corolle ou un calice colorés, à plus forte raison n'ai-je pas dû comprendre dans mon faible travail cette humble et mystérieuse végétation, dans laquelle le vulgaire a souvent bien de la peine à reconnaître des *plantes*, et dont les organes, analogues à ce que nous appelons communément *fleur*, ne sont perceptibles, quand ils le sont, qu'à la loupe du savant (17). Les *mousses* et les *lichens*, cette Flore du Nord et de l'hiver, pour qui Borée est le zéphyr, et la neige les pleurs de l'aurore, ne peuvent guère prospérer dans un pays sans forêts, sans frimas, et très-souvent sans pluies. Aussi (comme l'a observé M. Amoreux) pendant tout notre été, ces végétaux restent-ils dans un état de dessiccation et de mort apparente, qui se prolonge même dans l'hiver lorsqu'il n'est pas pluvieux, ce qui certes n'est pas rare. Alors on peut parcourir les environs de Montpellier, sans apercevoir un brin de mousse verdoyant ou une *scutelle* de lichen.

C'est d'ailleurs un point reconnu dans la géographie botanique, que la proportion des *acotylédones* aux autres classes de plantes décroît à mesure qu'on avance vers le Midi ; et si M. Gouan a écrit que, contre l'opinion des botanistes qui l'avaient précédé et celle de Linné, notre climat *ne le cède en rien*, pour les plantes cryptogames, aux *pays froids et montagneux*, il faut observer que ce célèbre botaniste a étendu les limites de la *Flore de Montpellier*, jusqu'à *des pays froids et montagneux*, par exemple l'*Espérou*, où, d'après le même M. Gouan, on est assuré *de trouver le printemps le plus frais dans le temps que les chaleurs sont excessives à Montpellier*. On sait que l'élévation du sol produit, dans la végétation, des effets analogues à l'élévation de la latitude. Ainsi, M. Gouan a réuni dans sa *Flore de Montpellier* deux *régions botaniques* distinctes, de manière, comme l'observe M. de Candolle (introduction du *Catalogus plantarum horti botanici monspeliensis*), que plusieurs des plantes que M. Gouan a comprises dans son ouvrage, croissent non-seulement à une assez grande distance de Montpellier, mais sous un climat si différent, qu'elles ne peuvent être cultivées dans le nôtre, *sine curâ et solertiâ* (*).

Quoique je n'aie pas cru devoir admettre, dans ce tableau d'une faible partie de nos richesses végétales, les plantes cryptogames, qui généralement attirent peu les regards, et auxquelles s'attachent rarement d'intéressants souvenirs, puisque je suis venu à en parler, je mentionnerai une espèce de champignon qui croît en touffe au pied de nos oliviers, et qui se fait remarquer par la douce lumière qu'il répand au sein des ténèbres (**). On dirait que la nature a voulu signaler ainsi l'arbre dont la précieuse liqueur doit éclairer d'une si douce lumière les veilles et les travaux de l'homme, de cet homme dont l'heureuse imagination n'a pu trouver de plus riche parure pour les

(*) Ce qui a contribué encore à accroître, aux yeux de M. Gouan, les richesses de la cryptogamie de notre *Flore*, ce sont les plantes *marines* qu'il y a comprises, et pour lesquelles il assure que la mer qui borde nos côtes, *le dispute à l'Océan même.*

(**) Pline attribue à l'*agaric des boutiques* cette faculté de luire dans les ténèbres, ce que son commentateur Dalechamp déclare faux. Cette propriété ne peut être contestée à celui dont il s'agit ici, et qui est maintenant désigné en botanique sous le nom de *polymices phosphorus.* C'est l'*agaricus-olearius* de M. de Candolle (Fl. fr.).

esprits célestes eux-mêmes, que cette lumière qu'il voit cependant briller sur un insecte qui rampe, sur des végétaux informes que Flore reconnaît à peine pour être de son empire; que dis-je, qui paraît souvent l'effet de la corruption et de la mort.

On me permettra aussi de rappeler, en faveur des friands, que l'*oronge* (*amanita aurantiaca*) croît aux environs de Montpellier (18). On y trouve aussi un champignon nommé par M. de Candolle *oronge blanche*, et dans notre langage vulgaire *coucoumèla*. Il est du même genre que l'*oronge*, et peut le disputer à celle-ci pour la délicatesse du goût. C'est l'*amanita-alba* de Persoon. Il croît particulièrement en Languedoc et en Italie, quoique M. Bulliard l'ait aussi trouvé à Fontainebleau. Ce champignon est d'un blanc pur dans toutes ses parties. C'est le *fungus albus* de Magnol, qu'il distingue du *fungus campestris, albus supernè, infernè rubens*, vulgairement appelé *boulet*, et qui est également fort estimé, pour son goût, à Montpellier.

Si nous devons à notre température méridionale bien des richesses végétales, on ne peut disconvenir qu'elle nous prive aussi de quelques plantes qui décorent les contrées moins exposées aux rayons brûlants du soleil. Ce n'est qu'en s'éloignant de trois, quatre ou cinq lieues de Montpellier, et s'avançant plus au Nord dans des bois montagneux, qu'on retrouve des végétaux qui parent communément les bois qu'arrose la Seine; mais qu'on chercherait aussi vainement dans le territoire proprement dit de Montpellier, que l'arbousier, le genêt d'Espagne ou nos cistes, sous les ombrages de Romainville et de Montmorency. Ce n'est que sur le pic de Saint-Loup, dans le bois de Valène, au Capouladou et aux Cambrettes, chaîne de montagnes escarpées au Nord-Ouest de Montpellier, que l'on commence à voir l'*amélanchier* (*mespilus amelanchier*) l'*obier* (*viburnum opulus*), si connu dans nos jardins sous le nom de *boule de neige*, la *mentianne* (*viburnum lantana*), *la primevère* (*primula officinalis*), l'*aiglantine* (*aquilegia vulgaris*), le *houx* (*ilex aquifolium*), la *digitale* (*digitalis purpurea*), le *sceau de Salomon* et celui de *la Vierge* (*convallaria polygonatum* et *tamus communis*) (*), ainsi que plusieurs

(*) Le *tamus-communis* est indiqué par Magnol, dans le petit bois ou la *garrigue* de la Colombière, tout près de Montpellier, et M. Delille l'y a retrouvé. Mais il est probable que le peu d'individus qui peuvent

autres plantes du Nord ou des montagnes.

On peut remarquer parmi celles qui affectent particulièrement cette *station*, et qui se trouvent également dans les lieux ci-dessus indiqués, le *lis martagon* (*lilium martagon*), et une *pivoine*, qui n'est pas, comme l'ont cru Magnol et Gouan, l'*officinalis*, qu'on voit briller avec tant d'éclat, par ses fleurs doubles et variées, dans nos jardins. Celle-ci, que M. de Candolle nomme *pœonia peregrina*, paraît particulière à notre région botanique. Elle est aussi cultivée dans les jardins, mais M. Dumont de Courset observe qu'il n'en a jamais vu les fleurs doubles. Tout le genre des *gentianes*, remarquables par la beauté de leurs fleurs, habite des latitudes plus septentrionales que celle de Montpellier. Il en est de même du genre *tussilage*, dont quelques espèces sont si communes dans le Nord de la France (*). On peut aussi compter parmi

se trouver encore dans cette localité, en disparaîtront par l'effet des défrichements successifs qui partout autour de la ville, étendent le domaine de l'agriculture.

(*) Dans l'Almanach du bon jardinier, pour l'année 1811, on dit que la connaissance du *tussilago fragrans* (héliotrope d'hiver), est due au savant botaniste *Villars*, auteur de la *Flore du Dauphiné*. Cependant Dalechamp (notes sur Pline, l. 21, ch. 33) parle d'un *petasites* qui a la fleur odorante.

les plantes qui ornent de leurs fleurs les campagnes septentrionales du royaume, et dont les nôtres sont privées, le *lamium album*, si connu sous les noms vulgaires d'*ortie morte* et d'*archangélique*, la *tanaisie* (*tanacetum vulgare*), les pédiculaires (*palustris* et *sylvatica*). Enfin le *spiræa-ulmaria*, la *reine des prés* n'étend point son empire jusques sur les nôtres. Nous n'avons dans ce genre *spiræa* que la *filipendule* (*spi-filipendula*), et encore est-elle assez peu répandue.

Le *gui*, vulgairement nommé et fort improprement *gui de chêne*, sous-arbrisseau parasite (*viscum album*), si célèbre dans nos antiquités gauloises, si commun dans les pays froids et humides, est inconnu dans le territoire de Montpellier. Le Druïde, armé de sa serpe d'or, l'y aurait vainement cherché pour solenniser le commencement de l'année, non-seulement sur le chêne où cette plante se trouve si rarement, mais sur quelque autre arbre que ce soit (*) Notre climat ne le voit

(*) Le *gui* croît fréquemment sur beaucoup d'espèces d'arbres différentes, mais très-rarement sur le chêne. On regarde comme un phénomène une branche de chêne sur laquelle est implanté le *gui*, et que l'on conserve au cabinet de botanique du muséum d'histoire naturelle à Paris. C'est sans doute cette extrême rareté qui avait attiré, au *gui* croissant sur le chêne, le respect religieux des Gaulois.

point entourer de sa verdure étrangère les rameaux que les frimas ont dépouillés ; ce n'est pas autour de Montpellier qu'on peut admirer le beau spectacle que présentent ces forêts de cristal, ces arbres chargés de longs glaçons, parmi lesquels le *gui*, déployant son feuillage toujours vert, mêle aux pompes de l'hiver la parure du printemps. On pourrait alors le regarder comme l'emblême de l'*âme forte*, qui conserve sa sérénité au milieu des rigueurs de la fortune.

Quand on n'est pas sorti du territoire de Montpellier, pour voyager dans les pays du Nord ou dans les montagnes, il est difficile de se faire une idée bien nette de cette peinture de Virgile, dans une comparaison du l. 6 de l'Énéide ;

Quale solet silvis brumali frigore viscum
Fronde virere novâ, quod non sua seminat arbos,
Et croceo fœtu teretes circumdare ramos (*).

(*) *Fœtus* ne doit point s'entendre ici du fruit. L'épithète de *Croceus* ne pourrait s'y appliquer, puisque les fruits du *gui* sont blancs. *Fœtus* désigne sans doute les fleurs de cette plante, qui sont d'un jaune verdâtre.

NOTES.

(1) Il paraît, d'après une note de *Dalechamp* sur Pline (liv. 21, ch. 11), que l'*anemone coronaria* n'était point encore introduite dans notre *Flore*, du temps que ce savant botaniste herborisait aux environs de Montpellier. Car il censure durement Pline, sur ce qu'il a placé deux espèces d'anémone parmi les plantes printanières, attendu qu'excepté la *pulsatille*, toutes les autres anémones fleurissent au commencement de l'été. Il n'aurait eu garde d'oublier notre *anemone coronaria*, s'il eût vu cette belle fleur émailler nos champs et nos prés dès les premiers jours du printemps. Il ne paraît pas même qu'elle fût encore naturalisée lorsque Magnol a publié son *Botanicon monspeliense*, puisqu'il ne l'y a pas comprise. M. Cambessédes l'a trouvée dans l'île de Mayorque, et elle habite, dit-il, ainsi que l'Asie mineure, les îles de l'Archipel, la Grèce, la Toscane (*). C'est peut-être de ces localités plus rapprochées de notre territoire qu'elle y a été transportée, plutôt que des campagnes de l'Orient, dont on l'a regardée

---

(*) *Enumeratio plantarum quas in insulis Balearibus collegit J. Cambessedes, etc.*

jusqu'ici comme originaire, et où elle se trouve particulièrement dans la Troade auprès du tombeau d'Ajax (De Candolle, d'après le voyageur-botaniste Clarke).

L'origine du nom d'*anémone* a laborieusement exercé les étymologistes. Pline a écrit que le nom de cette plante venait de ce qu'elle ne s'ouvrait que lorsque le vent soufflait. D'autres paraissent avoir eu une opinion tout opposée, et c'est cette opinion qu'a suivie notre J.-B. Rousseau, quand il a dit dans sa Cantate 18.me :

Imitez la sage anémone,
Craignez Borée et ses retours ;

mais les connaissances modernes ayant mis à portée de découvrir le nom que portait cette plante dans une des langues les plus répandues de l'Orient, dans l'arabe, on a présumé que de ce nom (*anahamen*) avait pu venir l'*anemone* des Grecs et des Latins.

J'ai dit, d'après l'opinion générale des botanistes, que l'*adonis æstivalis* paraissait être la plante qu'Ovide, dans ses métamorphoses, fait naître du sang d'Adonis. Mais Ménage, dans ses remarques sur le troisième livre de Malherbe, observe que les anciens, et particulièrement les Grecs, ont étendu le nom d'*anémone* au *pavot coquelicot*. Ne serait-ce pas de cette dernière fleur, bien plus commune et plus apparente que l'*adonis æstivalis*, qu'il serait question dans Ovide? La description du poète n'est nullement contraire à cette conjecture ; il y compare la couleur de la fleur dont il chante l'origine à celle des fleurs du grenadier. Or, il est à remarquer que le *coquelicot* (*papaver rhœas*) a aussi le nom vulgaire de *ponceau*, venant de *punicellum*, diminutif de *puniceum*, qui signifie *couleur de fleur de grenadier* (*punica*). Quant à la facilité avec laquelle les vents dépouillent le *coquelicot* des pétales qui composent sa corolle, *malè hærentem*, dit Ovide, quel est le promeneur qui ne l'a observée?

(2) Le narcisse biflore est indiqué par M. Loiseleur Deslongchamps (Dictionn. des sc. natur.) comme habitant les prés humides du Languedoc, mais aussi ceux de la Bretagne et les environs de Genève. « *Le narcisse des poètes* se trouve dans les prés des provinces méridionales, mais son habitation s'étend jusque dans l'Auvergne, la Bourgogne et la Franche-Comté» (De Candolle, Flore fr.). M. Thuillier en fait même mention dans sa Flore parisienne (an VII). Quant au *leucoium æstivum*, il a été confondu par Gouan (*Flora monspeliaca*), avec le *vernum*, vulgairement

appelé *perce-neige*, quoique le véritable *perce-neige* soit le *galanthus nivalis*, qui ne fait pas plus partie que le *l. vernum* de notre Flore. Nous n'avons pas besoin de ce *Messager* pour nous annoncer la cessation des frimas, qui n'existent pas pour nous.

Les poètes de l'antiquité ont souvent, dans leurs descriptions, placé le *lis* ou la fleur à laquelle ils en donnaient le nom, dans les prairies et dans les champs. Les poètes modernes qui généralement ont suivi, pour ainsi dire, à la piste, les anciens classiques, n'ont pas aussi manqué d'orner nos campagnes de *lis*.

> Tel meurt avant le temps sur la terre couché,
> Un lis que la charrue en passant a touché.
>
> Delille.

Les *lis* ne sont point communément exposés au tranchant de la charrue, pas plus qu'à celui de la faulx. Ils sont à l'abri de ces injures dans nos parterres et dans nos jardins. Cependant cette fleur, qui passe pour originaire de l'Orient, a été trouvée par Haller en Suisse, sur le mont Schlossberg, et par M. de Candolle, dans le Jura, *et dans des lieux* (dit-il) *assez éloignés de toute habitation*. Cette fleur serait-elle, en effet, venue des montagnes de l'Europe, et sa beauté seule peut-être, lui aurait-elle fait supposer une origine qu'on a regardée comme plus *illustre?*

(3) M. Gouan parle ainsi de cette plante (*ixia bulbocodium*) dans ses *Herborisations des environs de Montpellier* : « C'est peut-être sa petitesse et sa précocité qui l'ont soustraite à nos botanistes. » « Tous les *ixias*, excepté l'*ixia bulbocodium*, commun sur nos côtes méridionales, habitent le Cap de Bonne-Espérance » (De Candolle). M. Gouan lui assigne pour *station* particulière les gazons de nos garrigues. Je l'ai trouvée assez abondamment dans les prés d'Arènes qui touchent Montpellier. On en trouve une variété à grandes fleurs, commune, suivant M. de Candolle, dans les Landes de Bayonne, de Dax et de Bordeaux.

(4) Pendant long-temps on a considéré comme une seule espèce et l'iris naine à fleurs bleues, et celle à fleurs jaunes. Les botanistes modernes en font deux espèces : la première sous le nom d'*iris pumila*, la seconde sous celui d'*iris lutescens*. Ces plantes ne sont point uniquement méridionales. L'*iris lutescens* paraît croître dans toute la France. Le *pumila* avec toutes ses variétés est compris, par M. Thuillier, dans sa *Flore parisienne* (an VII). Mais M. Dumont de Courset, qui écrivait dans une partie plus septentrionale de la France, attribue à cette plante, pour

habitation, la France méridionale et l'Autriche. D'après Lobel, cité par Magnol, cette plante aurait été transportée des environs de Montpellier dans le Nord de l'Europe, et la culture dans les jardins ayant élargi ses feuilles, ce botaniste (Lobel) l'a ainsi désignée : « *Iris perpusilla, latifolia, ex agro Monspeliensi in Belgium transmissa.* »

(5) *Vinca major, pervenche à grandes fleurs.* « On trouve cette plante dans les bois des provinces méridionales. Elle se retrouve près de Nantes » (De Candolle, Flore française). M. Thuillier l'a comprise dans sa Flore parisienne (an VII). Suivant M. Loiseleur Deslongchamps (Dictionnaire des sciences naturelles), elle croît dans le Midi de la France, en Suisse, en Italie, en Espagne. Quoique cette plante croisse en Suisse, et qu'elle mérite bien plus d'attirer l'attention que la *pervenche à petites fleurs*, il est cependant possible que ce soit à cette dernière que doit être appliquée la célèbre exclamation de J.-J. Rousseau.

Boccace, dans une de ses *nouvelles*, introduit deux jeunes beautés couronnées de *pervenche*. « *Nel giardino entrarono due giovinette d'età forse di quindici anni l'una, bionde come fila d'oro, e co'capelli tutti anellati, e sopr'essi sciolti una leggier ghirlandetta di provinca*, etc. » Boccace indique-t-il ici un usage familier aux jeunes italiennes de son temps, ou est-ce seulement une invention de l'auteur, frappé de l'agrément de cette fleur ?

(6) Ces mots *non inferiora secutus*, avec un *souci*, étaient la devise de la reine de Navarre, auteur des Contes.

Court de Gébelin dit que le mot *souci*, exprimant une affection morale, vient du latin *sollicitus*. Les imaginations sensibles, qui souvent se plaisent dans les illusions plus que dans la réalité, aimeraient peut-être autant trouver l'origine de cette dénomination dans nos champs que dans *Calepin* ou le *Novitius*, et à supposer que l'on a pu attribuer le nom d'une fleur à des affections qui teignent trop souvent de sa couleur le visage de l'homme qui les éprouve. Ce qu'on peut remarquer, c'est que dans la langue romane, le même mot *gauch* ou *gauche* signifiait également *souci* (chagrin) et *souci* (fleur). Cette dénomination romane s'est conservée dans le languedocien pour les fleurs de *souci*, qui sont nommées, du moins dans certains cantons, *gâougés* (V. le Dictionn. langued. français de Sauvages).

(7) Cependant, hors de cette famille, l'*hélianthème taché* (*helianthemum guttatum*), dont les pétales sont jaunes à l'exception de la tache violette qui se trouve à leur base, et qui même sont entièrement jaunes dans une variété de cette plante (*helianthemum immaculatum*), *s'épanouit le matin au lever du soleil, et dirige ses fleurs vers cet astre* (De Candolle, Flore française).

Un autre exemple remarquable de *fleur jaune se tournant vers le soleil*, c'est la *gaude* (*reseda luteola*) dont l'épi chargé de fleurs jaunes se penche pour suivre le cours de cet astre, même sous un ciel nuageux (Linné, *sponsalia plantarum*).

Du reste, ce même Linné observe (*ibidem*) que la plupart des plantes, mais surtout les *fleurs composées jaunes*, penchent leurs corolles suivant le cours du soleil.

(8) Cette plante est, comme on sait, recueillie avec soin dans le département du Gard, où l'on en fabrique ce qu'on appelle *drapeaux de tournesol*, qu'on expédie en Hollande. Les Hollandais s'en servent, dit-on, pour colorer leurs fromages. On la nomme dans notre langue vulgaire *mâourèla*.

(9) Tout près de Montpellier, entre le pont et le Port-Juvenal, sont des prairies

où l'on étend, pour les faire sécher après les avoir lavées, les laines que les commerçants de Montpellier font venir en grande partie du Levant. Ces laines apportent souvent avec elles des graines étrangères qui enrichissent accidentellement notre *Flore*. M. de Candolle, entre autres plantes exotiques, y a trouvé la *psoralée de la Palestine*.

Dans ces mêmes prairies, M. Delille, directeur actuel du jardin des plantes, et qui a fait partie de la célèbre expédition d'Égypte, a retrouvé et transporté dans le jardin confié à son zèle et à ses lumières, plusieurs plantes propres aux campagnes égyptiennes, et qui avaient frappé ses regards aux environs d'Alexandrie. Ces rapports dus au hasard, ajoutent de nouveaux traits à la ressemblance de notre végétation avec celle des côtes opposées aux nôtres, et qui en sont séparées par la Méditerranée, *une de ces mers* (comme l'observe M. de Candolle) *qui semblent avoir moins que les autres, arrêté le passage des végétaux*. Ce n'est pas cependant sans doute pour ce motif que nos bons ayeux ont regardé les Africains, en quelque sorte, comme leurs voisins, et que d'anciens cadastres, dans la désignation des tenants et aboutissants de certains héritages, s'expriment ainsi : « *Dáou coustat dáou marin*, *counfrountan la Barbarìo, rèc al miè.* » C'est-à-dire, « Du côté du Sud, confinant les côtes de Barbarie, un ruisseau entre deux. » Ce ruisseau est la mer Méditerranée.

(10) L'agrément de l'odeur peut être comparé, parmi les fleurs, à l'*esprit*, parmi les hommes. L'avantage de flatter l'odorat établit une distinction très-marquée entre les plantes qui ont d'ailleurs le plus de ressemblance. Le *reseda-phyteuma*, par exemple, qui vit dédaigné dans nos champs, a les plus grands rapports avec le *reseda-odorata*, cultivé avec tant de soin, et l'on a même pensé que ce pouvait être la même plante, modifiée seulement par la diversité des climats, d'autant mieux que le *phyteuma* n'est pas absolument dépourvu d'odeur, et que l'*odorata*, au contraire, d'après l'observation de Dalibard, en est dépourvu lorsqu'il est cultivé dans un terrain maigre. On peut citer aussi l'*heliotropium europæum* (l'héliotrope des champs), qui ressemble si fort, pour la figure, au *peruvianum* (l'héliotrope des jardins). Cependant quelle prodigieuse différence dans l'*estime* que l'on fait de ces deux plantes! La beauté même la plus éclatante ne place pas les fleurs au rang de celles qui ne se distinguent que par une douce odeur. La renommée

de l'humble *violette* l'emporte sur celle même du *lys des incas.*

(11) Le *glayeul* (*gl. communis*) est une des plantes dans lesquelles les botanistes, fort divisés d'opinion sur cet objet d'érudition botanique, ont cru reconnaître l'*hyacinthe des anciens.* M. Loiseleur Deslongchamps (Dict. des scienc. nat.) regarde, en effet, le *glayeul* et le *lis martagon* comme les plantes qui peuvent être rapportées avec le plus de vraisemblance à cet *hyacinthe*, si célébré dans les écrits de l'antiquité. Le *glayeul* a d'imposantes autorités en sa faveur, entr'autres celle de M. Sprengel. M. Fée (Flore de Virgile) se prononce décidément pour le *lis martagon.* On peut, je crois, suspendant son jugement sur une question difficile à éclairer, penser avec M. Loiseleur Deslongchamps (ibidem), « que ce que les anciens nous ont laissé de positif touchant leur *hyacinthe*, est trop peu de chose pour qu'on puisse prononcer avec un certain degré de certitude sur cette plante, et dire à quelle espèce plutôt qu'à telle autre elle peut être rapportée. » Quoi qu'il en soit, Homère, dans le 6.e liv. de l'Odyssée, dit, en parlant des cheveux d'Ulysse, que, « semblables à la fleur d'hyacinthe, et tombant par gros anneaux, ils ombrageaient ses épaules. »

M.me Dacier a expliqué ainsi ce passage, « c'est-à-dire d'un noir ardent comme l'hyacinthe des Grecs, qui est le *vaccinium* des Latins et notre glayeul, dont la couleur est d'un pourpre enfumé ; » mais le *glayeul* se présente ordinairement dans nos champs avec des fleurs purpurines. Il est vrai qu'une variété a les fleurs d'un *rouge-pourpre*. Mais de là au *noir ardent*, il y a loin ce me semble. L'auteur du *Botaniste cultivateur* (M. Dumont de Courset), croit que le *rouge-pourpre* est la couleur naturelle de cette fleur. Mais M. Dumont de Courset, qui habitait presque l'extrémité septentrionale de la France, n'avait peut-être observé le *glayeul* que dans les jardins. Il me paraît donc que c'est sur la forme, et non sur la couleur de la fleur d'hyacinthe, qu'est fondée la comparaison que fait Homère des cheveux d'Ulysse avec cette fleur, comparaison imitée par l'*Homère anglais*, qui a donné aussi à notre premier Père des cheveux semblables à la fleur d'hyacinthe (*hyacinthin locks*). On peut trouver, en effet, quelque rapport entre les annelures des cheveux, et la corolle *retroussée* du glayeul, et mieux encore les pétales roulés en dehors du lis martagon.

La variété de couleur que les anciens, même dans leurs écrits, attribuent à leur *hyacinthe*, indique assez qu'on ne doit pas faire grand fond sur cette circonstance pour déterminer à quelle espèce de nos plantes connues on peut appliquer ce nom. Columelle, dans son livre en vers, *De cultu hortorum*, parle d'*hyacinthes* blancs et bleus ;

Nec non vel niveos, vel cœruleos hyacinthos,

et plus bas on trouve,

Ferrugineis hyacinthis.

M. Fée (Fl. de Virgile) croît retrouver dans le *lis martagon* la couleur que les anciens exprimaient par ce mot *ferrugineus*, et c'est un des motifs qui l'ont porté à regarder cette plante comme leur *hyacinthe*. Mais on voit qu'ils lui attribuaient aussi d'autres couleurs.

L'iris-fœtidissima de Linné a été appelée, par d'anciens botanistes, *spatula*, et par d'autres *xiris*. M. de Jussieu, sur ce mot *spatula* (Dict. des scienc. nat.) rappelle que Stapel, dans ses Commentaires sur Théophraste, cherche à prouver que le *spatula* ou *xiris* est le véritable *hyacinthus* des anciens. Ne serait-il pas, en effet, question d'*iris* sous le nom d'*hyacinthes*, dans les vers ci-dessus cités de Columelle? Il y est parlé d'*hyacinthes* blancs et bleus. Or, parmi nos *iris* cultivées, qui ont pu l'être dès le temps de Columelle, nous avons l'*iris de Florence*, dont les fleurs sont de la première couleur, et l'*iris-germanica*, dont les fleurs sont de la seconde. Quant à la qualification de *ferruginei*, elle peut être fondée sur la couleur des *barbes* qui se trouvent sur les pétales extérieurs de ces fleurs, et qui sont d'un jaune pâle, couleur de rouille, de *ferrugo*, rouille. Je crois que c'est la signification propre et primitive du mot *ferrugineus*. Tibulle a désigné, par le mot *ferrugo*, cette couleur d'un *or pâle* que présente le soleil dans l'arc-en-ciel;

Quamvis prætexens pictâ ferrugine cœlum
Venturam admittat imbrifer arcus aquam.
L. 1, Élég. 4.

Il est aussi à observer qu'on a pu trouver quelque analogie entre des cheveux naturellement bouclés, et les pétales extérieurs de ces fleurs (les *iris*), qui sont réfléchis ou courbés en dehors.

(12) Linné a remarqué dans la *nigelle des champs (arvensis)* (*), et d'autres botanistes dans les *nigelles (damascena et sativa)*, qu'à l'époque de la fécondation, les styles beaucoup plus longs que les étamines, se recourbent vers celles-ci pour en recevoir la poussière fécondante, et reprennent ensuite leur

(*) *Amœnitates academicæ, sponsalia plantarum.*

première situation. Ce fait semble une exception à cette loi générale de pudeur, d'après laquelle la recherche, l'empressement, ce qu'on appelle communément l'*attaque*, est le partage du *mâle* ; car la nature entière semble nous offrir, soit dans les êtres animés, soit dans les végétaux même, une grossière image,

Du doux nenni, avec un doux sourire

chanté par Marot.

On observe bien dans les femelles de certains insectes des actes qui paraissent appartenir généralement à l'autre sexe, mais elles y semblent déterminées par les *sollicitations* préliminaires du mâle. Ainsi, dans plusieurs espèces de mouches à deux ailes, et notamment dans la mouche commune, si connue par son importunité, une espèce de cône charnu où se trouve l'organe de son sexe, est introduit par la femelle dans le corps du mâle. On peut observer aussi dans ces insectes, vulgairement connus sous le nom de *demoiselles*, que le mâle saisissant et entraînant dans les airs la femelle, celle-ci par des mouvements même qui semblent avoir pour objet de repousser le ravisseur, porte l'organe de son sexe contre celui qui distingue le mâle, et s'unit comme involontairement à lui : *Vinci nolens volensve* (Linné).

(13) Les deux *ivettes*, connues maintenant sous les noms de *teucrium iva* et de *teucrium chamæpytis*, ont été autrefois confondues sous ce dernier nom, qui équivaut à *petit pin*. L'odeur résineuse de ces plantes a pu, de même que leur foliation touffue et linéaire, contribuer à ces différentes dénominations, par lesquelles on a marqué leur rapport avec des *conifères*. En v. fr. leur nom était *ive*. C'est ce mot *ive* sans doute que les botanistes ont latinisé en *iva*, comme ils ont formé le mot *bugula* (ainsi que le dit Tournefort). *à voce gallicâ*, bugle. Ce vieux mot français signifiait *bœuf*, et ce nom fut appliqué figurément à une plante de la femelle des labiées, ou fleurs en gueule, parce qu'on crut trouver quelque ressemblance entre les fleurs de cette plante et le muffle, ou gueule d'un bœuf. C'est aussi dans ce vieux français qu'on désignait l'*urtica urens*, par la dénomination d'*ortie grièche*, c'est-à-dire, *fâcheuse*, *incommode*, *inquiétante*, etc. Ce mot est là à peu près synonyme d'*urens*, mais comme cette locution romane signifiait aussi *grec*, *grecque*, on a cru sans doute qu'*ortie grièche* et *ortie grecque* étaient la même chose. Ne serait-ce pas uniquement sur cette idée, et par opposition, qu'on a donné le nom de *romaine* à une autre espèce d'ortie (*pilu-*

lifera), dénomination dont il est difficile d'apercevoir, ce semble, d'autre fondement. Ce qui autorise cette conjecture, c'est que par une erreur semblable à celle que je suppose, j'ai vu le nom de *pica græca* employé pour désigner la *pie-grièche*, oiseau qui n'est ainsi appelé que parce qu'il est criard et querelleur, car on sait trop que les *pies-grièches* ne sont point particulières à la Grèce.

(14) C'est aussi sur des murs que J. Bauhin avait observé cette plante *(acanthus mollis)* aux environs de Montpellier. Elle croît souvent aussi au pied des murs, où elle trouve l'ombre dont elle est amie, ainsi que de l'humidité. *Provenit in agri Dracenencis rivulis, umbrosis* (Gérard, Flore de Provence). On la trouvait, du temps de Lobel, à Montpellier au pied des murs, entre la fontaine du Pila Saint-Gilles et le Verdanson. Je l'ai vue non loin des limites du département du Gard et de celui de l'Hérault, sur un coteau nommé *la Coustourèla*, au-dessus de Sommières, croître abondamment au pied d'un mur à travers lequel suintait une petite source. Une teinte vineuse occupant en assez grande partie la lèvre des corolles dans la plante sauvage, elle m'a paru bien moins éclatante à la vue que celle qui est communément cultivée dans nos jardins.

Du reste, on peut conjecturer, d'après plusieurs passages des anciens, que ce n'est pas seulement à la plante que nous nommons *acanthe*, qu'ils ont eux-mêmes donné ce nom. Un savant commentateur d'Ovide (Hercule Ciofani), à propos de ce vers des métamorphoses l. 13. v. 701 :

Summus inaurato crater erat asper acantho,

exprime l'opinion qu'il y est question sous le nom d'*acanthe*, du *smilax aspera*. Columelle donne à l'*acanthe* l'épithète de *tortus* ;

Pallida nonunquam tortos imitatur acanthos.

Virgile a dit *flexi vimen acanthi*. Ces passages peuvent-ils bien s'appliquer à notre *acanthe*? Ne semblent-ils pas plutôt désigner une plante grimpante et volubile ?

(15) « Un papillon d'hiver ne se trouve que dans les nations qui sont plus près du soleil. » C'est ainsi que s'exprimait, au milieu des frimas d'Albion, un célèbre écrivain de cette île, le sombre Young (Estimation de la vie, traduction de Le Tourneur). C'est peut-être l'heureuse contrée que nous habitons, et qu'Young avait lui-même, comme on sait, passagèrement habité, qu'il avait en vue dans ce passage. En effet, plus d'un

papillon d'hiver avait pu frapper ses regards dans nos campagnes. Nous voyons souvent dans de beaux jours du mois de janvier ces charmants insectes voltiger en tel nombre, qu'il suffirait pour embellir un jour d'avril ou de mai, dans des climats moins doux. Aussi, dès ce mois, voit-on en fleur dans nos champs plusieurs véroniques, de menues crucifères, le mouron, le romarin, le laurier-thyn, l'*oxalis corniculata*, la cymbalaire et plusieurs autres plantes. Cette dernière, *linaria cymbalaria*, s'est naturalisée chez nous, en passant d'abord du *jardin des plantes* sur les murs des jardins voisins.

J. Bauhin remarque dans son *Histoire des plantes*, qu'il a vu en fleur à Montpellier, pendant le mois de janvier, la *violette* (*viola martia*, c'est-à-dire *violette du mois de mars* des anciens botanistes). On voudra bien me pardonner si à propos de cette dernière fleur, si célèbre sous le nom d'*humble violette*, je rappelle, comme il a été observé avant moi, que ce n'est point d'elle qu'il est question dans ce passage d'Horace, *Nec tinctus violâ pallor amantium.* Le mot *viola* désigne ici le *violier jaune* et non la *violette*, ce mot *viola* ayant été également employé en latin comme dénomination de ces deux fleurs.

Luteæ violæ mihi, luteumque papaver.
CATULLE.

Nous leur donnons nous-mêmes un nom, si non semblable, du moins analogue, *violier et violette*. J'ajouterai, relativement à ces mots *pallor amantium*, que les Latins ont souvent employé les mots *pallor*, *pallidus*, etc., non pour désigner une blancheur excessive, mais la couleur jaune. Les Italiens les ont imités en cela; Politien, parlant du *zéphyr*, s'exprime ainsi,

Ovunque vola, veste la campagna
Di rose, gigli, violette e fiori;
L'erba di sua bellezza ha meraviglia
Bianca, cilestra, pallida e vermiglia.

Il est indubitable que dans ce dernier vers le poète a voulu indiquer les couleurs générales des fleurs, c'est-à-dire le *blanc*, le *bleu*, le *jaune* et le *rouge*.

Horace a dit dans l'ode 7.e de son 5.e livre, *pallor albidus*, et dans l'ode 10.e de ce même livre, *pallor luteus*, caractérisant ainsi par des épithètes l'espèce de *pâleur* qu'il voulait peindre; mais il n'en est pas moins vrai que dans d'autres écrivains, le mot *pallor* employé absolument, désigne la couleur jaune.

(16) Il paraît que les Latins, comme dans plusieurs autres cas analogues, ont confondu deux arbres différents sous un même nom, *oleaster*; cette dénomination paraît avoir été

également appliquée à l'*olivier de Bohème* (*olea sylvestris*, de Charles Bauhin (*pinax*), et à notre *olivier sauvage*. Ainsi, je croirais avec M. Fée, qu'il est question du premier dans ce vers des géorgiques de Virgile, où il indique les arbres propres à être plantés auprès des ruches ;

Palmaque vestibulum aut ingens oleaster inumbret.

En effet, les rameaux de cet arbre, si abondamment chargés de fleurs, attirent naturellement les abeilles. Mais on trouve plusieurs passages des anciens, où dans l'*oleaster* on ne peut méconnaître notre *olivier sauvage*. Les fruits chétifs qu'il produit quelquefois, l'emportent naturellement en amertume sur ceux de l'arbre cultivé, et on ne peut en tirer, comme de ceux-ci, une huile douce. C'est à quoi fait allusion Ovide, dans sa métamorphose d'un berger changé en *oleaster*, pour avoir insulté grossièrement des nymphes:

Succo licet cognoscere mores.

Il ajoute ;

. . . . . notam linguœ baccis oleaster amaris,
Exhibet.

(17) La famille des *fougères*, plus rapprochée par ses formes que les autres cryptogames du reste des végétaux, peut d'ailleurs

quelquefois compenser, par l'agrément du feuillage, le manque de *fleurs*. Mais ces plantes, généralement amies de la fraîcheur, de l'ombre et de l'humidité, ne peuvent être fort abondantes dans nos campagnes exposées aux rayons d'un soleil ardent. Bien loin d'ailleurs d'en avoir aucune espèce de particulière à notre *région botanique*, plusieurs de celles que M. Gouan a comprises dans sa *Flora monspeliaca*, ne croissent que dans les pays montagneux, au Nord de Montpellier, où la végétation commence à prendre, comme je l'ai dit plus haut, le caractère d'une autre *région botanique*. Parmi les plantes plus particulièrement et vulgairement nommées *fougères*, nous n'avons d'indigène dans notre territoire que le *pteris aquilina*.

(18) Quoique l'*oronge* ne soit pas particulière aux pays proprement méridionaux, elle ne croît guère que dans les parties tempérées et méridionales de l'Europe. Ce n'est que rarement qu'on la voit aux environs de Paris. Suivant Magnol, elle se trouvait abondamment dans le bois de Grammont, maintenant défriché, de manière que le Dieu des festins, quoique peu accoutumé à s'attrister, doit joindre ses regrets à ceux de Flore, sur la destruction de ce bois. La plupart des

botanistes regardent l'*orange* comme le *boletus*, si recherché par les Romains, qui le désignaient par le nom de *fungus cæsareus*, *champignon des Césars*. Qui ne connaît les fameux *boleti* qu'Agrippine fit manger à Claude, et qui procurèrent l'empire à Néron? Ce champignon est connu, dans le langage vulgaire à Montpellier, sous le nom de *jâoune d'iôou* (jaune d'œuf). Suivant l'abbé de Sauvages, on lui donne dans les Cévennes, où il est fort abondant, le nom de *roumanel*, c'est-à-dire (si l'on s'en rapporte à ce même abbé de Sauvages), *champignon romain* ou *de Rome*. Quoi qu'il en soit, il faut bien se garder de le confondre avec une espèce du même genre et qui lui ressemble beaucoup, la fausse *oronge* (*amanita muscaria*). Celle-ci est un poison violent. Peut-être est-ce tout simplement en substituant la fausse à la vraie *oronge*, qu'Agrippine mit son époux au rang des dieux, donnant, selon Pline, au monde et à elle-même, dans la personne de Néron élevé à l'empire, un poison bien plus funeste que celui qu'elle faisait avaler à Claude.

Supplément.

Il a été fait mention, dans l'ouvrage précédent, de quelques plantes qui, originaires d'autres cantons de la France, se sont naturalisées dans le territoire de Montpellier. Il en est d'autres qui nous sont venues de pays bien plus lointains. Parmi celles-ci, on peut regarder sans doute comme une assez triste acquisition, celle du *xanthium-spinosum*, qui, suivant Linné, n'est pas originaire même d'Europe, malgré le nom spécifique de *lusitanicum*, par lequel il a été autrefois désigné. Cette plante, introduite par Magnol dans le *jardin des plantes* de Montpellier, s'est de là répandue avec rapidité, non-seulement dans la *Gaule narbonnaise*, mais bien plus au loin. Gérard (Flore de Provence) s'étonne de la propagation si étendue de cette plante, attendu, dit-il, qu'elle n'a pas de semences aigrettées. Mais il n'a pas sans doute réfléchi aux deux puissants moyens de transport dont elle est pourvue, premièrement la faculté de s'accrocher qu'ont ses *capitules* femelles, secondement la facilité avec laquelle ces mêmes *capitules* femelles, lorsqu'ils se détachent de la plante, sont roulés et emportés au loin par les vents (*).

Mais une plante plus agréable à la vue, le *bidens-bipinnata*, originaire de l'Amérique septentrionale, s'est propagée abondamment, et sans doute par la même voie, sur quelques points de notre territoire. On peut juger qu'elle ne s'y est introduite que depuis le temps où Magnol a publié son *Botanicon monspeliense*, puisqu'il ne l'y a pas comprise. Une autre plante, originaire des mêmes contrées, a véritablement enrichi notre Flore. Celle-ci ne s'est point, comme les précédentes, spontanément propagée. Nous la devons à M. Delille, célèbre botaniste que j'ai eu souvent occasion de rappeler dans ce faible ouvrage. La plante dont je parle est le *jussieua-grandifolia*, qu'on peut voir végéter avec vigueur dans ce canal abandonné, qui est connu sous le nom de *Roubine* de Lattes. Cette brillante étrangère est bien digne de figurer parmi ces belles plantes européennes

(*) Cette plante s'est répandue aux environs de Paris, et sans doute comme à Montpellier, en passant du *jardin des plantes* dans la campagne. Elle fut introduite dans ce jardin de Paris par Tournefort, qui l'avait apportée du Portugal. M. Thuillier ne l'a pas cependant comprise dans sa *Flore parisienne* (an VII).

qui se plaisent au sein des eaux, telles que l'*eupatoire*, la *salicaire*, le *jonc fleuri*, etc. Ainsi, la végétation des environs de Montpellier, peut non-seulement reporter les souvenirs vers la patrie des Scipions et des Catons, ou celle des Aristide et des Épaminondas, mais n'est pas étrangère à celle des Wasington et des Franklin (*).

(*) J'ai témoigné ma reconnaissance, dans l'avertissement placé en tête de cet ouvrage, à M. Delille, pour les corrections qu'il a bien voulu me communiquer; mais comme je n'ai pu pour cette deuxième édition augmentée, emprunter, vu son absence, le secours de ses lumières, j'avertis, quoique sans doute par un soin bien superflu, que les erreurs botaniques qui peuvent s'y rencontrer, doivent être uniquement attribuées à l'*herboriste*, et non au savant *botaniste*.

Observation omise à la p. 57.

Dans le catalogue des arbrisseaux, après ces mots *cistus-crispus*, lisez : ce *ciste* est remarquable par des fleurs non caduques, et d'une couleur plus foncée que celles de la plupart des autres espèces.

CATALOGUE

D'un grand nombre de Sous-Arbrisseaux et Herbes particuliers à notre *Flore*, comparée à celle du Nord, et dont il n'est point fait mention dans le texte, ni dans les notes.

Achillea-ageratum.
-nobilis.
Allium-nigrum—Monspessulanum (Gouan).
-moschatum.
Althæa-cannabina.
Ammi-visnaga seu daucus visnaga.
Alyssum-maritimum seu clypeola-maritima.
-spinosum.
Anchusa-undulata.
Andryala-integrifolia.
Anthemis-altissima.
-pubescens.
-valentina.
Anthyllis-tetraphylla.
Arum-italicum.
Asparagus-amarus.
Astragalus-incanus.
-sesameus.
-stella.

Barckausia seu crepis-rubra est cultivée dans quelques parterres comme fleur d'ornement.

Bellis-annua.

Brassica-eruca est cultivée dans les potagers.

Buphtalmum-spinosum.

-aquaticum.

Bupleurum-fruticosum. Cette plante se trouve en Éthiopie, et a été aussi nommée *buplèvre d'Éthiopie* (Poiret).

-odontites.

Cachrys-libanotis seu lævigata.

Carduncellus-monspeliensium.

Carlina-lanata.

-corymbosa.

Caucalis-platycarpos.

-maritima.

Centaurea-salmantica.

-galactites seu galactites-tomentosa.

-melitensis.

-apula.

-collina.

-crupina.

Centranthus seu valeriana-calcitrapa.

Cheiranthus-sinuatus. } Bords de la mer.
-littoreus. }

Chrysanthemum-montanum.

-graminifolium.

*

Cineraria-maritima—Othonna-marit. (Gou).
-longifolia—Othonna-heleniiis (G.).
Cirsium seu cnicus-acarna.
Cirsium seu carduus-monspess.
Cirsium seu cnicus-ferox.
Clypeola-jonthlaspi.
Cnicus - benedictus. Centaurée sudorifique. Chardon bénit. Le chardon bénit des Parisiens est une autre plante, le *carthamus lanatus.*
Convolvulus-cantabrica.
-lineatus.
Conyza-sicula seu erigeron-siculum.
Coriandrum-testiculatum.
Cressa-cretica.
Crucianella-angustifolia.
-maritima.
-monspeliaca.
Cynanchum-monspeliacum croît aussi sur les côtes de Barbarie.
Daucus-maritimus.
Delphinium-pubescens—Consolida (Gouan).
Diotis-candidissima. Athanasia-marit. (Lin.).
Dorycnium-suffructicosum. Lotus-dorycnium (Lin.). *Dorycnium-monspeliacum* (Wildenow).
Drepania seu crepis-barbata.
Echium-pyrenaicum.
Echinophora-spinosa.

Erodium-petræum.
-romanum.
-malacoides. } Le genre *erodium* est une division de l'ancien genre *geranium*.

Euphorbia-characias. *Charac. monspeliensium* (Lobel).

-nicæensis seu oleæfolia.

Euphrasia-latifolia.

Fumaria-capreolata. M. Thuillier l'a comprise dans sa Flore parisienne.

Globularia-alypum.

Helianthemum-salicifolium.

-majoranæfolium.

-glutinosum.

-ledifolium.

-alpestre—OElandicum (Gou.) se distingue des autres *hélianthèmes* par des fleurs légèrement odorantes.

Elichrysum seu gnaphalium-stœchas. « Cette plante croît sur les coteaux arides des provinces méridionales, et dans l'Ouest jusqu'à Nantes. Elle se retrouve dans quelques parties chaudes de la Suisse, de l'Alsace, de la Bresse et le Lyonnais. » (De Candolle, Fl. fr.)

Hesperis-maritima. Si connue dans les jardins sous le nom de *giroflée de Mahon.*

Hippocrepis-ciliata, non *multisiliquosa*. Nous n'avons point cette dernière plante.

-unisiliquosa.

Hyosciamus-albus. Dans le langage du pays *caréïdda*. C'est l'espèce la plus commune autour de Montpellier. On trouve plus rarement l'*hyosciamus-niger*, seule espèce connue dans le Nord de la France. On trouve aussi une variété de l'*h. albus*, qui se distingue particulièrement par des fleurs jaunes, avec la gorge d'un pourpre foncé. Elle a été indiquée par Magnol et Gouan sous les faux noms d'*hyosc. creticus* et d'*hyosc. aureus*.

Hyoseris-hedypnois. Hyoseride dormeuse.

Iberis-linifolia.

Inula-squarrosa.

-tuberosa seu erigeron tuberosum.

-viscosa seu erigeron-viscosum.

Lathyrrus-setifolius.

-v. amphicarpos.

-annuus.

-ochrus.

Lavandula-stœchas.

Lavatera-maritima.

Leuzea seu centaurea-conifera. Après sa floraison, la blancheur éclatante des aigrettes qu'étalent ses têtes largement épanouies, les fait ressembler à de petites houpes de duvet de cygne.

Linaria-chalepensis.

Linum-campanulatum. Au pic de Saint-Loup.

-strictum.

Lithospermum-apulum seu myosotis-apula.

-tinctorium seu anchusa-tinctoria.

Lupinus-angustifolius.

-varius.

Malva-nicæensis.

Medicago-disciformis.

-coronata.

-turbinata.

-maculata.

-laciniata.

Melilotus-italica.

Mentha-cervina.

Mercurialis-tomentosa.

Micropus-pygmeus seu filago pygmæa.

Myagrum-rugosum.

Momordica-elaterium.

Narciscus-dubius.

Onobrychis-caput-galli.

Ononis-arenaria.

-cherleri.

Ononis-pubescens.
-minutissima est indiquée par M. Thuillier dans sa Flore parisienne.
-reclinata.
Onopordon-illyricum.
Origanum-creticum.
Ornithopus-compressus.
-scorpioides.
Paronychia-argentea seu illecebrum-paronych.
-capitata seu illecebrum-capitat.
Phlomis-herba-venti.
Picridium-vulgare seu scorzonera-picroides. En languedocien *térragrépia*, en italien *terracrepola*. Les jeunes pousses de cette plante se mangent en salade.
Ranunculus-falcatus.
-monspeliacus. Cette plante, divisée en trois variétés, qui croissent toutes non loin de Montpellier, habite aussi le reste de la région méditerranéenne, mais se trouve particulièrement dans les royaumes d'Alger et de Tunis (Voyez *Regni vegetabilis syst. nat.*, par de Candolle).
Reseda-alba.
Rhagadiolus-stellatus seu lapsana-stellata.

Rubia-lucida.

Rumex-bucephalophorus.

-tingitanus habite nos côtes comme celles de la Barbarie.

-scutatus. L'oseille ronde cultivée.

Ruta-montana

-angustifolia.

Salvia-sclarea.

Scabiosa-stellata.

-v. monspeliensis.

-ochro-leuca. Cette plante méridionale a été retrouvée près d'Abbeville.

Scorpiurus-sub-villosa.

Senecio-gallicus—Squalidus (Gouan).

Seseli-tortuosum.

Sideritis-hirsuta. Variété de la *scordioides.*

-hyssopifolia.

-romana.

Silene-italica.

-inaperta.

-lusitanica.

-muscipula.

-nocturna fleurit à l'entrée de la nuit, d'où lui vient son nom.

Symphitum-tuberosum.

Sisymbrium-asperum.

Sonchus-maritimus.

-tenerrimus.

Stachys-maritima.

Stehœlina-dubia.
Statice-echioides.
-mucronata.
Teucrium-capitatum.
-flavum
-polium.
Thrincia-tuberosa seu leontodon-tuberosum.
Tordylium-officinale.
Tribulus-terrestris. Vulg. *Croix de Malte.*
Trifolium-hispidum.
-lappaceum.
-tomentosum.
Trigonella-fœnum-græcum.
Triglochin-barrelieri croît sur nos côtes et en Barbarie.
Urospermum-picroides.
-asperum.
Vicia-amphicarpa.
-onobrychoides.
-hirta.
-narbonensis ressemble singulièrement, par l'*habitus*, à la fève cultivée.
Xeranthemum-annuum (Gouan.).
-inapertum.

FIN.

ERRATA.

P. 26, l. 14, *Vanhuysum*, lisez, *Van-Huysum*.
P. 53, l. 9, *succica*, lisez, *suecica*.
P. 71, l. 22, *mathiole*, lisez, *matthiole*.
P. 71, l. avant-dernière, *soava*, lisez, *soave*.
P. 81, l. 22 et 23, *âoulivié*, lisez, *oulivie̊*.
P. 100, l. 2, *lys*, lisez, *lis*.
P. 101, l. avant-dernière, la virgule, placée après le mot *anciens*, doit l'être après le mot *même*, de la ligne suivante.
P. 105, l. 15, *femelle*, lisez, *famille*.
P. 108, l. 10, *thyn*, lisez, *tin*.
P. 110, l. 2, *Charles*, lisez, *Gaspard*.
P. 115, l. 8, *Wasington*, lisez, *Washington*.
P. 120, l. 18, *Hyoseride*, lisez, *Hyoséride*.
P. 120, l. 23, *Lathyrrus*, lisez, *Lathyrus*.